海水缸
魚類圖鑑

海水缸設置新手入門指南、
玩家參考寶典，一本搞定！

狄克‧米爾斯（Dick Mills）◎著　王北辰、張郁笛◎譯

晨星出版

照片來源

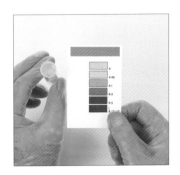

目錄—海水缸基本知識與設置

目錄─ *海水魚圖鑑*

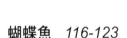

第一部

海水缸不一樣

如果你的水族飼養經驗僅限於熱帶淡水魚類,在開始養殖海水水族時,你會發現除了水中鹽度之外,最大的不同在於能養殖的魚類數量相較之前少了許多。

第二個不同的地方就是缺乏水族植物,這在設置基本海水缸時尤其明顯。即使人工珊瑚能取代真正水族植物做為魚類的棲息地,它們終究只是無生物。然而,在你更有經驗之後,你可以從簡單的海水缸進階到珊瑚礁海水缸。就能享受大型藻類、活珊瑚、無脊椎動物交織而成的生動背景。

打造一座海水缸帶來的最大影響,是飼主必須承擔極重的責任。飼養海水水族的成功機率和你為了維持水缸條件所付出的努力程度成正比。

海水水族飼養算是近期才在水族飼養界中興起,還有很多需要試驗的地方,尤其是圈養繁殖這一塊。前人過去努力的經驗和水族裝備的進步,為我們踏出的第一步打造了堅固的基礎。每個飼養海水水族的飼主都會有所貢獻。

多年來,海水飼養已不再是需要「亂槍打鳥」、「孤注一擲」去嘗試的神秘區域。現代空中運輸系統讓生物在送達飼主手中時狀況更好;水族設備非常值得信賴;也有大量合適的水族食物唾手可得。在網路上及報章雜誌上分享的豐富飼養相關資訊,讓有經驗的飼主和新手都能輕易找到許多建議和指示,幫助他們成功。

將大自然帶進家中

不論是打開電視或到陽光明媚的小島上度假，你都有機會在螢幕上或親身經歷一趟海底之旅，看到五顏六色、目眩神迷的大批魚群穿過珊瑚礁。

現代科技讓你能看到或親自造訪這樣的景色，更讓你能在家打造活生生的紀念品。高速飛機輕鬆將你載到世界各地，也能將數千隻魚送到水族商店，不會因為長達好幾週的運送過程而承受巨大壓力。這些活生生的珍寶等待你青睞的同時，也能在與牠們原生環境幾乎相同條件的地方健康成長。但這一切有這麼簡單嗎？

魚類需要的就是提供給牠們與自然環境相同的條件：優質的海水環境、足夠的生活空間，以及穩定的營養食物來源。幸運的是，海水水族飼養早期發展時遇到的問題都已經解決了。其中最重要的是，能製造出合成海水，解決了使用天然海水時可能為海水缸引進病原體的風險。現代設備與實用知識讓維護優質水質成了一件簡單的事，大家更為重視動物們的生活方式及需求，讓牠們逃離早期水族飼養壽命不長的命運。如果你還需要增強飼養動力，大部分海水魚類都是在沿岸珊瑚礁的淺水海域捕獲；因此，你在野外觀賞過的魚類，也能讓你帶回家中海水缸飼養。

左圖： 俯瞰珊瑚礁或許景觀優美，但對海水水族飼主而言，沒有什麼比得上魚兒環繞在身邊更好。透過這本書的幫助，將牠們帶回你家。

廣闊的海洋

印度洋 - 太平洋海域是大量適合海水缸養殖的海水魚類自然棲息地。雖然開放水域面積遼闊，大部分魚類都是在各地珊瑚礁淺水海域中捕獲。

在這幅地圖範圍內捕獲的魚類都有相同的水質條件，他們全世界的環境都一樣穩定。

新加坡和香港是魚類捕獲及出口貿易的重要據點。

菲律賓是海水缸魚類的豐富來源。

每年有數千名遊客拜訪大堡礁，這些人都可能成為海水缸飼主。

如果在上述令人安心的條件上，再加上能夠抵擋海水腐蝕作用的合適水缸物質，那麼成功設置海水缸將不再只是夢想。

即使在家裡設置自己的珊瑚礁群聽起來很誘人，還是要記得你需要先學習許多知識，才能提供對的環境，呈現想像中的海底風景。透過飼養、照顧、觀察海水缸中的魚類，你也能對牠們的保育有所貢獻。我們了解這些迷人生物愈多，就愈能了解在圈養繁殖時如何複製牠們生存所需。這樣一來，我們就能減少從野外捕捉牠們，減少牠們自然棲息地的破壞；或者，至少讓牠們免於長途飛行之苦，因為我們都知道那有多疲累。

9

海水：模擬真實的海水環境

71% 的地球表面皆為海水覆蓋。你可能以為那是最容易取得的物品；但很遺憾的是，家裡的水族箱因為幾個原因，不適合直接從海洋中取用海水。

對大部分海水缸玩家來說，固定到海邊收集、運送大量海水並非實際可行的作法。再者，只有少數水族玩家能住在熱帶地區，且能收集到當地海水。最重要的是，收集冰涼海水再轉變成「熱帶海水」可能會產生幾個問題。加溫天然海水可能會導致浮游生物死絕，進而可能製造有毒環境；或者導致浮游生物快速繁殖並用掉重要氧氣。除此之外，珊瑚礁魚類不太可能對其他地區海水中的病原體有天然抵抗力。如果你想在家庭海水缸中放置的是當地魚種，那使用當地海水倒是可以接受，只是不太方便。

另一個要考量的重點是，尋找未受污染天然海水的困難程度。世界各地逐漸增加的海上觀光行程以及工廠排放的廢水，讓我們至少可以確定，沿岸海水不可能完全沒受到污染。

因此，我們可以清楚了解，在家庭海水缸中使用自然海水不僅不值得，反而會製造更多問題。

合成海水

家庭海水缸最適合使用的海水最好是使用人工混合粉，並小心與良好水質的自來水相互平衡、混合，最後的合成海水才能盡量接近天然海水成分。這些普通商店就買得到的混合粉由乾鹽、礦物質和經過消毒的必需微量元素組成，且應該是使用科學原料製造，以此能避免將疾病或其他問題帶到海水缸中。此外，由於你買的是乾燥混合粉，只有在有需要時才加入淡水中，因此非常便於攜帶和儲存。

現在混合粉的製造比例和過程非

右圖：潮汐與風力造成的海浪讓海水不斷流動，代表其中一直都充滿氧氣。

海水的「鹽分組成」

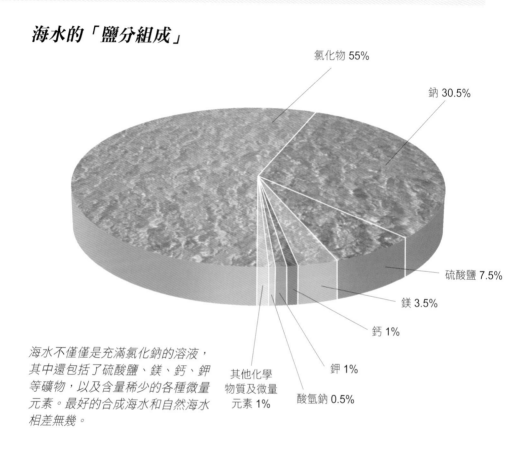

氯化物 55%

鈉 30.5%

硫酸鹽 7.5%

鎂 3.5%

鈣 1%

鉀 1%

酸氫鈉 0.5%

其他化學物質及微量元素 1%

海水不僅僅是充滿氯化鈉的溶液，其中還包括了硫酸鹽、鎂、鈣、鉀等礦物，以及含量稀少的各種微量元素。最好的合成海水和自然海水相差無幾。

常精準，再也不需要一次用完一整包來製造擁有理想比重（或密度）及正確化學合成物含量的定量海水。現在，你只需要使用一部分混合粉，不論想要什麼海水比重，都能獲得正確含量的化學合成物。用完後把尚未使用完的混合粉重新密封，儲存於乾冷的地方。這讓製造過程更有彈性，也是在使用少量海水換水時的理想方式。你的魚兒和無脊椎動物將在這種海水中生存，因此水質好壞極為關鍵。

生活在鹽水之中

海水魚與溫帶、熱帶淡水魚之間最關鍵的不同之處，在於牠們棲息的水中鹽度不同，以及牠們在這樣環境中的存活能力。雖然有些淡水魚能適應鹽水生活，而某些海水魚也能在低鹽度的水中生存，但大部分鹹水、淡水魚無法處理體內與水中的鹽度平衡，是牠們無法在對方的環境中生存的主要原因。鹽分由魚體吸收再排出，並藉此控制體內鹽度的方法，被稱作滲透壓調節。

上圖：海水魚能夠良好適應高鹽度環境，牠們能吸收水分並排除鹽分來維持體液適當的生存濃度。

滲透壓調節運作方式

不論淡水魚或海水魚，牠們體液中的鹽度和生存環境中的鹽度自然會有差異。只有像魚鰓這樣非常薄透的薄膜組織能分開不同鹽度，所以水分與鹽分不停流動、進出魚體內外。這種雙向流動是擴散與滲透兩種作用所導致的；兩種不同濃度的溶液被半透膜所阻隔時，這兩種作用就會開始進行。鹽離子透過半透膜從濃度較高的一端移向較低的一端，水分子則朝反方向移動來稀釋較濃的液體；這就是滲透作用。

相較於淡水魚，海水魚調節體內鹽分與液體的方式則有些不同。淡水魚的體內鹽度比周遭淡水鹽度要高，當水流進體內時，鹽分通常會透過組織流失。為了抵抗這樣的流失，淡水魚的腎功能通常效率較高，能夠快速排除水分，同時也透過尿液吸收水中的鹽分。除此之外，淡水魚也有特殊構造的魚鰓，讓牠們能留住經由食物攝取，而後在血液中循環的鹽分。

海水魚的情況則相反；牠們周遭環境的鹽分則是高於牠們體內鹽分。因此，牠們必須不斷避免體內出現脫水情形；因為水分通常會流逝到周遭海水中，在體內留下鹽分。為了應付這種情況，海水魚會喝下大量海水，排尿量卻極為稀少。在牠們喝的海水之中，只有少數幾種鹽分會被吸收，而魚鰓的特殊氯細胞則會活躍地排泄鹽分。

淡水魚的滲透壓調節

水分經由滲透作用，從相對濃度較低的淡水進入魚體內。

鹽分經由擴散作用流出。

體液內的鹽度比周遭淡水高。

海水魚的滲透壓調節

水分通過滲透作用，從相對濃度較低的魚體內進入海水。

鹽分透過擴散作用進入。

體液內的鹽度比周遭海水低。

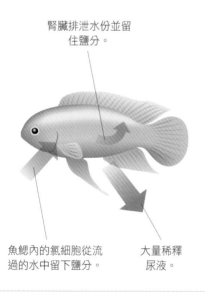

腎臟排泄水份並留住鹽分。

魚鰓內的氯細胞從流過的水中留下鹽分。

大量稀釋尿液。

腸道吸收水分，不吸收鹽分。

攝入大量水分。

鹽分由魚鰓排除掉。

製造的尿液稀少。

13

鹽度、比重與酸鹼值

鹽度是用來計算海水內鹽的含量，通常以 gm/L（千分之一）為計算單位；但在水族飼養界中，通常用來表示水的比重，這樣較容易測量、理解。

比重是將一海水樣本的重量與同樣容量的 4℃蒸餾水相比，4℃蒸餾水的比重被定義為 1。在水中加入鹽會使重量變重、鹽度變大，這兩個測量數值可以直接比較。因此在 15℃時，使用傳統的漂浮比重計或簡單指針比重計測量的話，水的鹽度 35 gm/L 等於比重 1.026。天然海水的比重通常介於 1.023 和 1.027 之間，根據地點不同而有所不同。一旦經過適當適應過程後，許多魚類及無脊椎動物應該都能滿意地接受較大範圍的穩定比重。大部份時候 1.021 到 1.024 之間是可以接受的，重點在於維持比重的穩定。使用比重計定期測量，確定數字變動不要超過一單位（比如

説，變動不要超過 1.022 和 1.023 之間），雖然這看似微小變動，在自然界裡卻是比極端氣候時的變動還要劇烈好幾倍。

在建立好的海水缸中，改變比重的主因是海水蒸發或加入新生物。過了一段時間後，水缸內的水通常會因為淡水蒸發而降低水位，海水鹽度則因此變得更高。為了補充缺失的水分，需要定期加入少量淡水。但最好不要等到需要加入大量淡水時（不要一次加超過 0.5 公升）才加入，因為鹽度改變會傷害敏感的無脊椎動物和藻類。兩種常見的危險後果會導致缸中海水鹽度持續上升：第一種情況是，缸中的水因為蒸發而水位降低，你決定換掉部分的水。你流掉 10 至 20％的水，再加入相同量的合成海水以及彌補蒸發水分的海水量。因為水缸內原本較少的海水鹽度較之前高，這種做法會增加鹽度。或者是第二種情況，水位降低後，你決定加入更多生物以及牠們所附帶的海水，這樣直接加入缸中也會增加海水鹽度。要小心別落入這些陷阱。

左圖：如果顯示的數字和水位一致，就會顯示正確的比重，也就是綠色區塊的數字。

酸鹼值測定方式

酸鹼值測量表紀錄了水的酸性與鹼性。數值用對數表示，所以每當酸鹼值的數字一變化，比如說從 7 變到 8，就是十倍的改變；而 7 變到 9 就是一百倍的改變。因此，酸鹼值突然改變會帶給魚類很大的壓力與傷害。

左圖：定期測試水質以監測酸鹼值，海水缸的酸鹼值應該要維持穩定。一般測試過程包括在測試樣本中加入化學物質，並將水的顏色變化對照酸鹼值顏色表。

水分子

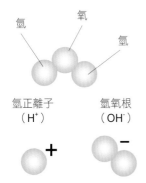

氫

氧

氫

氫正離子（H⁺）

氫氧根（OH⁻）

+

−

水（H_2O）是由正極的氫正離子（H^+）和負極的氫氧根（OH^-）結合而成。酸鹼值是用來計算這兩種離子在水中的比例。酸性水含有比較多的氫正離子；鹼性水含有較多的氫氧根。而中性水中則兩者數量相同。

pH 9：比 pH 7 鹼性多一百倍。

pH 8：比 pH 7 鹼性多十倍。

pH 7：中性。

上圖：測試酸鹼值的最後一個步驟，顯示正確數值介於 8.0 和 8.4 之間。當你進行測試時，請依據上面指示操作；所有測試方法並非完全一樣。

7.4
7.6
7.8
8.0
8.2
8.4
8.6

氮循環

氮循環是珊瑚礁重要的生物路徑，對整個生態系統也一樣重要。除了是重要的淨化系統之外，因為氮循環同時也是主要食物生產來源，沒有了它，地球上沒有任何生物能生存。

氮循環運作方式

氮循環是移除水缸中日漸累積有害氮化合物的「推動力」，像是游離氨（NH_3）和銨離子（NH_4^+）等。魚類和無脊椎生物會透過代謝作用排放氨廢棄物，再加上細菌也會「作用」在其他缸內廢物如食物殘餘、糞便上所產生的氨。氨對魚類和無脊椎動物而言是劇毒物質，如果不將之移除或轉換成其他較為無害的物質，海水缸內的生物很快就會死亡。幸運的是，在大自然的偉大規劃中，對一種有機體有毒的物質通常是另一種有機體的食物，所以我們有自然方式能排除氨廢棄物。

好氧細菌如亞硝化單胞菌種，能將氨轉換成毒素較少的亞硝酸鹽（NO_2），但還是對魚類和無脊椎動物有害。因此第二種菌種如硝化菌種，能將亞硝酸鹽轉換成硝酸鹽（NO_3）這種比較安全的物質，但累積過多仍會產生問題。我們還不太清楚要多少硝酸鹽才會對海水缸動物產生影響，但似乎對較為敏感的魚類和部分無脊椎動物有害。重要的是，在天然珊瑚礁中只會產生極少量硝酸鹽，所以我們不該妥協，應該盡力在海水缸中把硝酸鹽含量降到最低。硝酸鹽是藻類的主要養分來源，也是食物鏈最底端的主要食物製造來源，所有有機體都受惠於它。（值得注意的是，要是有過多的硝酸鹽或磷酸鹽存在，藻類就會過度繁衍。）

左圖：如圖所示的蕨藻屬等大型藻類會在海水缸中繁殖。氮循環過程中所產生的硝酸鹽將會被這些藻類和其他不太受歡迎的藻類作為食物吸收。

氮循環運作方式

在自然界中，動物與環境中的細菌作用消化含氮蛋白質以回收氮。以下是海水世界中氮循環的運作方式。

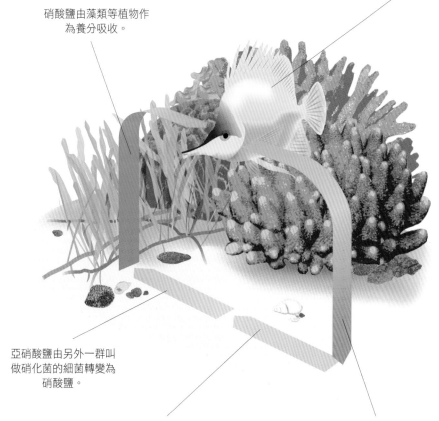

魚類及其他海洋生物消化並排泄不同食物中的蛋白質。

硝酸鹽由藻類等植物作為養分吸收。

亞硝酸鹽由另外一群叫做硝化菌的細菌轉變為硝酸鹽。

氨經由亞硝化單胞菌作用變成亞硝酸鹽。這些細菌在氧氣充足的環境下，會在底材或石頭表面繁衍。

消化蛋白質時的主要廢棄物質就是氨，魚類會經由排尿或直接由魚鰓排泄。氨也會由糞便、植物物質及腐敗食物殘餘堆積而成。

蛋白除沫器

許多飼主認為蛋白除沫器是長期成功維護海水缸不可或缺的器材，但這個器材到有什麼用，又要怎麼用呢？一開始主要為污水處理業界所用的蛋白除沫器，又稱泡沫去除器，能在水質惡化前，移除水缸中的有害有機物質。

蛋白除沫器的作用原理是分解後的物質，包括細菌、浮游生物以及魚類廢棄物和食物產生的有機物質會因氣泡的表面張力而附著其上。當氣泡到達除沫器上方的「反應室」就會破碎，留下附著的蛋白廢棄物在上方的收集室內。這種蛋白廢棄物通常為略有厚度、帶有氣味的黃色液體。

接觸時間

有幾個因素會影響蛋白除沫器的效率，其中之一就是接觸時間，也就是空氣與水在除沫室的混合時間。這段時間越長，除沫器的效果就越好。擁有三折流設計的柏林系統是目前最好的設計。

各類型蛋白除沫器

蛋白除沫器分為三種主要類型。**氣動式蛋白除沫器**安裝在海水缸或水坑內，通常較為適合小型海水缸。**文氏管蛋白除沫器**是馬力強大的系統，由泵浦將水缸或水坑裡的水透過文氏管擠壓進除沫器底部，吸入空氣以製造大量氣泡。**渦輪式蛋白除沫器**用十二扇葉輪將空氣打進渦輪泵浦，將空氣與水混合成細密的濃密泡沫。渦輪式蛋白除沫器建立了海水缸移除蛋白的新標準，尤其是使用柏林技術的渦輪式蛋白除沫器。**收縮 - 舒張流蛋白除沫器**使用獨特方法混合空氣與水，但仍使用渦輪打入空氣。

三折流蛋白除沫器

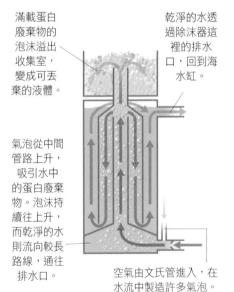

滿載蛋白廢棄物的泡沫溢出收集室，變成可丟棄的液體。

乾淨的水透過除沫器這裡的排水口，回到海水缸。

氣泡從中間管路上升，吸引水中的蛋白廢棄物。泡沫持續往上升，而乾淨的水則流向較長路線，通往排水口。

空氣由文氏管進入，在水流中製造許多氣泡。

進階渦輪除沫器

這台進階渦輪除
沫器將缸內的水
與細緻的氣泡接
觸時間拉到最
長,蛋白廢棄物
附著在氣泡表
面,當氣泡破掉
時,就能收集並
排除廢棄物。

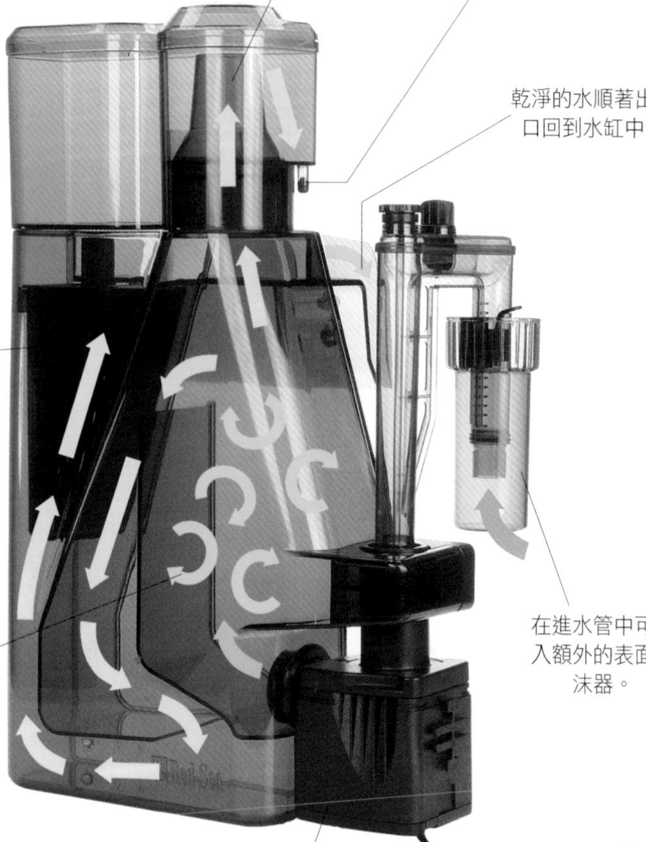

載滿蛋白的泡沫會
在收集室中破碎。

連接收集室的排
放管能排出蛋白
廢棄物。

乾淨的水順著出水
口回到水缸中。

額外的過濾室能
放置化學或生物
濾材。

水與氣泡在反應
室緊密接觸。

在進水管中可加
入額外的表面除
沫器。

十八扇葉輪在進水/空氣
中打出細緻氣泡。

19

外置過濾器

雖然蛋白除沫器是一種過濾器，卻值得我們獨立討論一整章。一般來說，「過濾」分為物理式、生物式、或化學式過濾，以不同方式提供海水魚類穩定健康的水質。

　　過濾器是所有海水缸的生命維持系統，不僅能收集海水缸裡的廢棄物，經由過濾室或其他容器移除（物理式過濾），也能分解由魚類排泄或食物殘餘製造的有毒氨廢棄物（生物式過濾）。如果使用碳或磷酸鹽作為濾材，過濾器也能進行化學式過濾。在接下來幾頁中，我們將會看到幾種不同的過濾系統，並比較優缺點。

外置式過濾器

外置式過濾器又稱作圓筒過濾器，體積較大，置於海水缸外面，通常是下方。圓筒過濾器讓你能在同一個過濾器中同時使用不同濾材（大約二到三種），因此能結合物理、生物與化學三種不同過濾系統。

　　理論上來說，過濾器中會先備好粗糙濾棉來過濾微粒廢棄物。粗糙濾棉上方通常會有像陶瓷環這樣的高接觸表面積濾材，能在上面繁衍許多益菌，將氨及亞硝酸鹽分解為為較無害的硝酸鹽（詳見第16頁）。最後，碳濾材能用來洗淨異色水質，為海水缸帶來「潔白」效果。

外置圓筒過濾器

這些塑膠水管將水帶進、帶出海水缸。

這兩個開關閥能關掉過濾器，防止水流溢出。

電動泵浦放置在過濾器上方。

進到過濾器的水向上流動，通過層層堆疊在桶內的濾材。要一直維持水流行進，以防濾材在缺乏運轉一段時間後變得缺氧。

最後，這層細緻的聚合棉確保沒有任何微粒廢棄物回到缸中。

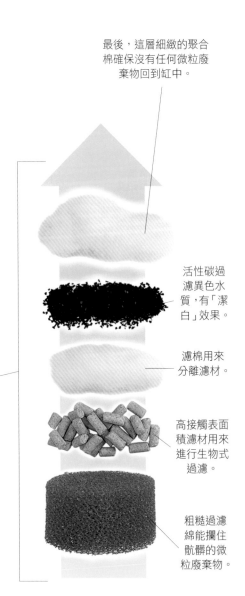

活性碳過濾異色水質，有「潔白」效果。

濾棉用來分離濾材。

高接觸表面積濾材用來進行生物式過濾。

粗糙過濾綿能攔住骯髒的微粒廢棄物。

海藻過濾器

過多的硝酸鹽／磷酸鹽會刺激藻類生長，但我們可以好好利用這件事，故意用藻類移除這些不需要的「污染源」。我們可以在從缸中抽出的水流中放個淺底盒；在裡面，藻類只要有足夠的光源就能健康成長，同時也不會干擾主體缸的整體景觀設計。只要定期採擷藻類，就能有效移除硝酸鹽和磷酸鹽。海藻主要在這裡生長，奪取了主體缸內海藻生長所需的養分。這個系統的缺點之一就是，一但設置了這個海藻過濾器，缸內的草食魚類將沒有足夠的草類食物；你需要用其他方式彌補牠們的食物來源。為了保持效率，海藻過濾器需要具有一定規模；也可能需要裝飾一下，以免這個過濾器影響了主缸景觀。

右圖： 這是海藻過濾器的基本設置，但形狀和規模必須依據造景海水缸設計。

流沙床過濾系統

流沙床裝置將生物式過濾移出水缸，並取代了過時的底沙系統。水缸中的水流進矽沙懸浮於內的外置圓柱容器中，因為這些沙粒處於懸浮狀態、能自由移動而不堆積在一起，它們提供更大表面積讓細菌附著，這讓氨轉變成亞硝酸鹽、再變成硝酸鹽的過程更有效率。

在某些型號中還會加上碳濾盒，在水流回海水缸前將水中異色濾淨。流沙床系統會消耗氧氣，水從這樣的系統中流出後，在回到海水缸前需要有機會重新注入氧氣。可以使用灑水棒作為出水管，或將文氏管裝在出水口，甚至是在水流重新注入海水缸的地方放置氣泡石。

斷電時的應對處理

當電力供應被切斷或缸中廢棄物堵住流沙床裝置入水口時，我們該思考一下要怎麼做。流入流沙床的水流會被切斷；但更重要的是，「過濾床」會被之前「懸浮狀態」的大量沙粒堵住。當電力回復時，泵浦在沒有外力幫助下，可能沒有足夠動力讓這些沙重新回復「懸浮」狀態，因此有可能損害到泵浦。（可能的話，重新啟動時把水流量調到最大，之後再調回正常流量。）海水缸的另一個問題是，在失去電力一段時間後，養殖的細菌將會快速死亡。在長時間停止後再重新啟動，要先在受監視的「封閉系統」下運行裝置，直到測試結果顯示細菌溫床已經重新建立。

隔離缸

隔離缸是獨立的水缸，卻又和主缸共享水源。一方面，我們可以像名稱所表示的只把這個水缸當成避難區域；但這個水缸通常能和主缸一起使用在幾種不同用途上。這裡能作為食物理想的生長地，像是甲殼類動物或端足類動物。根據隔離缸的設計和設置有所不同，這些動物可以持續不斷地被掃回主缸中餵食無脊椎動物和魚類。隔離缸也可以用來當作控制大型海藻生長的區域，蕨藻屬及其他大型海藻不僅可以消耗因為過度繁殖或過度餵食而產生的氨／硝酸鹽和磷酸鹽，也因為它們在隔離區中生長，能避免被草食魚類吃掉。其他用途包括放置加溫器和紫外線殺菌器，或當作暫時隔離缸內優勢魚種的水缸；也有人建議可以透過逆向操作隔離缸的光照週期來避免缸中酸鹼值每天浮動。更進一步地，可以放置特殊底沙，就能持續提供主缸所需的重要微量元素，同時提供場地讓厭氧、反硝化的益菌生長。

海水的「鹽分組成」

上圖：使用中的典型流沙床過濾系統。沙粒流動的生物床懸浮於半空中（兩條線顯示了濾材的上下限高度）。系統內的活門能在失去電力時防止沙粒流回泵浦。

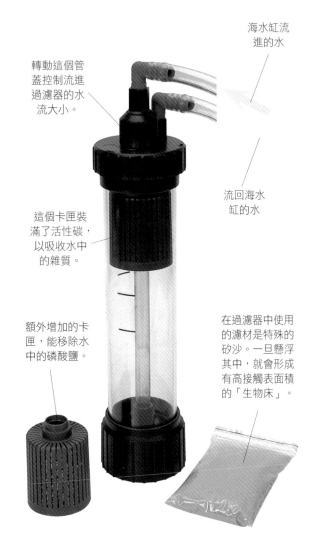

轉動這個管蓋控制流進過濾器的水流大小。

海水缸流進的水

這個卡匣裝滿了活性碳，以吸收水中的雜質。

流回海水缸的水

額外增加的卡匣，能移除水中的磷酸鹽。

在過濾器中使用的濾材是特殊的矽沙。一旦懸浮其中，就會形成有高接觸表面積的「生物床」。

紫外線殺菌器

紫外線（UV）殺菌器能夠消除在水中自由漂浮、時不時造成朦朧感的藻類孢子與細菌。殺菌等級的燈管雖然能消除疾病病原體，卻只對通過紫外線裝置的自由浮游形態幼蟲期的病原體有效，因此別完全仰仗紫外線殺菌器做疾病控管。要記住，紫外線會影響雙眼視力：千萬不要沒有戴眼睛防護措施就直接看燈管。

　　紫外線殺菌器包括放在密封透明石英套管中的紫外線燈，外面由水管包覆，海水缸中的水從水管的一端流入另一端。因為各種因素影響，殺菌的效果不一，其中一個影響因素是水曝曬在紫外線光下的時間長短。在進入殺菌器前，透過物理性預先過濾水流，能強化紫外線燈光的殺菌效果。這樣能防止有機物質和懸浮物質妨礙石英套管的透光度、進而減弱紫外線光的效果。即使如此，殺菌燈的壽命

還是有限；持續使用的話，大部分殺菌燈需要每六個月置換一次。超過六個月的話，殺菌燈即使看起來還在運作，實際上紫外線光可能已經無法穿透石英套管替水流殺菌。

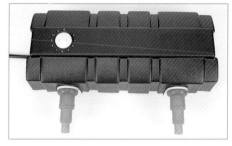

上圖：這是用來處理海水缸內海水的典型紫外線裝置。水管連接口是半透明的，所以在運作時，你能看到紫外線燈管在「發光」。這是個安全的設置，讓你不用打開裝置直視燈管而讓視力受到傷害。

紫外線殺菌器運作方

高能量紫外線光能以幾種方式分解活細胞。核子內的基因物質（DNA）以及環繞在細胞旁的能量來源「粒線體」都會受到紫外線光的傷害。在藻類細胞中，光線能破壞葉綠素，內含能行光合作用的質體。

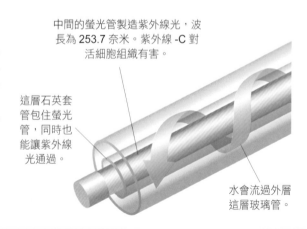

中間的螢光管製造紫外線光，波長為 253.7 奈米。紫外線 -C 對活細胞組織有害。

這層石英套管包住螢光管，同時也能讓紫外線光通過。

水會流過外層這層玻璃管。

上圖：水族商店會裝設幾個過濾系統來維持魚類的生命，其中也包括像這樣的大型紫外線殺菌器。

臭氧的使用

臭氧（O_3）是氧（O_2）的不穩定型態。多出的一個氧原子常常會從分子中分離，讓水缸內海水中的有毒物質及其他混合物氧化。這樣的氧化作用讓臭氧成了有效的殺菌器，它能殺死接觸到的細菌、病原體、藻類孢子及其他浮游微生物。臭氧被許多大型公共水族館用來當作他們整體水質管理系統的一部分。

臭氧的製造是透過一種稱為臭氧產生器的儀器中，讓空氣（最好是乾空氣）通過電流，將部分氧氣轉變成臭氧。臭氧化的空氣之後會通過一個特殊的水／臭氧接觸室或蛋白除沫器。因為這個區域是用抗臭氧材質製成的，是理想的臭氧反應器。因為臭氧對水缸生物有害，只能在另一個容器中使用，不能直接注入水缸。經過臭氧處理的水在回到海水缸前，應該先經過碳過濾器，移除剩餘臭氧或臭氧化過剩產生的有害副產品。建議與氧化還原或氧化還原電位（ORP）控制計一起使用。這種控制計在水缸中利用水質的氧化還原電位來追蹤臭氧濃度，並且只在必要的情況下，才打開臭氧產生器。

你可以想像得到，臭氧是種危險的氣體，必須小心使用；記得遵照製造公司的步驟小心操作。臭氧也能破壞物質，像是塑膠管或隔膜泵浦；過剩的臭氧也可能讓塑膠碎裂。

左圖：有著羽冠狀觸角的管蟲是海水缸的美景之一。它們能在乾淨水質中健康生長，但需要優質食物才能維持生存。

臭氧與蛋白除沫

上圖：活性碳置於收集室上方的小隔室中，以防任何過剩的臭氧進入空氣中。

載著有機廢棄物的泡沫溢出到這個收集室中。

廢棄物可以從收集室底部的這根水管排除。

臭氧產生器使用高強度電流將額外的原子與氧氣分子結合，以製造臭氧（O_3）。

逆止閥預防水流因虹吸作用流回臭氧產生器。需要定期更換。

臭氧通過這裡的文氏管進入水流中。

這個探測計掛在海水缸中，能夠測量水中的氧化還原電位並調整臭氧製造器產生臭氧的份量。

27

喬博活沙過濾系統

直到最近，海水缸都仰賴物理、化學、生物過濾法，並使用長久以來建立起的傳統裝置。喬博活沙過濾系統是1980年代水族界的一項創新；這是使用底沙而非任何上升管線或特殊水流設計的系統。這個系統由摩洛哥水族館的喬博博士設計，基礎系統立刻吸引了大家的興趣；幾位美國海水魚養殖專家，如鮑伯高曼等人成功地改良了系統，應用在較小規模的家庭海水缸中。

水缸最底層先放置一層隔沙網（能散發螢光燈的網最為理想），由塑膠柱體支撐，創造出下方的固定空隙（充水層）。將一層合成棉濾材蓋在隔沙網上方以防漏沙，並在上面置放剩下的底沙。氧氣會自然地從主要層往下擴散；充滿氣體的水往缺乏氧氣的充水層移動，並在底沙中進行生物過濾行為。細菌會在厭氧充水層擔任脫氮劑的角色，降低硝酸鹽濃度並完成整個氮循環。

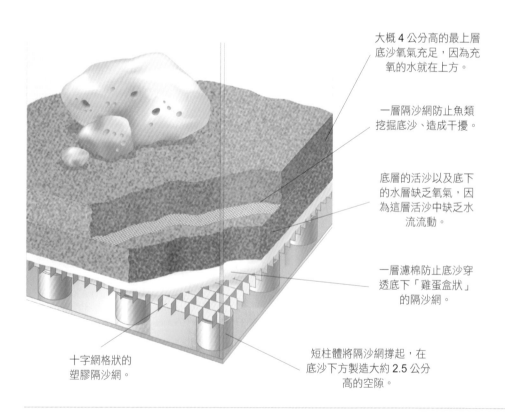

大概4公分高的最上層底沙氧氣充足，因為充氧的水就在上方。

一層隔沙網防止魚類挖掘底沙、造成干擾。

底層的活沙以及底下的水層缺乏氧氣，因為這層活沙中缺乏水流流動。

一層濾棉防止底沙穿透底下「雞蛋盒狀」的隔沙網。

十字網格狀的塑膠隔沙網。

短柱體將隔沙網撐起，在底沙下方製造大約2.5公分高的空隙。

在海水缸中使用活石

雖然基本的海水缸中設有蛋白除沫器和外置過濾器，我們也可以用另外一種自然方法，也就是利用「活石」來進行「生物式」淨化水質。活石就是從野外搜集的石頭，裡面有有機生物生存。底材通常是一座迷宮，具有天然多孔且提供充氧與缺氧區域，由不同微生物和細菌棲息。這些生物能主動淨化水質，就如同外置過濾器中細菌的功用一樣；而這個系統被稱為「柏林系統」。

在柏林系統中，較為依賴海水缸中的活石與蛋白除沫器，來有效排除有毒廢棄物。這個系統的理論是利用蛋白除沫器，在有機物質分解為氨前將之移除，進而避免分解後的廢棄物還要轉變成亞硝酸鹽和硝酸鹽的過程。放入一大片活石同時也能減少生物過濾系統的負擔。使用活石的缺點是費用高昂，要以足量的活石佈置整個水族館的話，所耗費的費用可能會讓許多飼主無法承受。

活石現在能夠在水族商店中存活，或透過嫁接，培養石上的生物圈；當然，普通「裝飾用」石頭進行的事前清理預防方法在這裡並不適用。活石能越快進到充氧水中越好，這點非常重要。根據品質好壞（知道詳細來源更好），你可以立刻把活石放進主要海水缸中，但謹慎的做法是先將活石隔離一段時間（就像加入新生物時採取的步驟）。在隔離期間，有些有機生物可能會死去，但也有新的出現。這期間會有亞硝酸鹽及硝酸鹽濃度起伏不定的問題，要等到濃度穩定後才能把活石放進它們永遠的家中。

除非一開始就在海水缸中設置好活石（請參照 46 頁的設置順序），否則在加入活石到建立好的系統中時，只能加入少量活石，以免影響氧化還原電位的變動。

逆滲透系統

目前為止，我們只談論了如何處理已經進到海水缸中的水，但想在追求良好水質的競賽中輕鬆領先，可以在一開始就使用品質最好的水。為了人類飲用水安全，自來水中不僅含有氯及氯氨，也有殺蟲劑、硝酸鹽、磷酸鹽及二氧化矽等物質，這些都對海水動物的健康有害。為了防止這些物質進入海水缸中，強烈建議你使用逆滲透系統。

上圖：為了人們食用目的，自來水經過處理。當地自來水公司所加入的物質讓我們能安心飲用，但若未經事前處理，不適合作為海水缸用水。

　　逆滲透作用能將水中的鹽、礦物質及前述有毒物質移除，同時也能移除其他細菌、病毒和真菌孢子。逆滲透系統的關鍵在於半透膜；半透膜能讓水通過，並留下其他物質。一般來說，逆滲透系統還會有個碳過濾器來移除水中的氯。

　　逆滲透系統通常極為容易安裝在家用冷水系統上。唯一的缺點是，通常被「拒絕」使用的廢棄水量是能用的「優質」水量的三到四倍。但是廢棄水養分豐富，適合用來澆灌植物。

　　在把水倒入水缸之前，使用品質良好的混合鹽能確保在滲透水中加入正確份量的微量元素與礦物質。如果你要使用滲透水作為淡水添加水，你一定要加入海水增鹼粉和微量元素添加劑一起換水。

右圖：自來水含有的污染物能經由這樣的逆滲透系統排除。這個系統的效果好壞依據水資源中的污染物濃度而定。請確認你買對裝置使用。

逆滲透系統運作方式

被半透膜分隔時，兩邊溶液會自然地透過滲透作用平衡之間濃度。施加壓力逆轉這個過程就能製造純水。

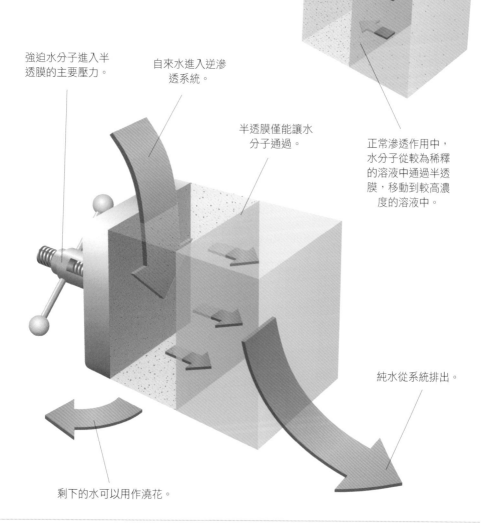

強迫水分子進入半透膜的主要壓力。

自來水進入逆滲透系統。

半透膜僅能讓水分子通過。

正常滲透作用中，水分子從較為稀釋的溶液中通過半透膜，移動到較高濃度的溶液中。

純水從系統排出。

剩下的水可以用作澆花。

整體水質管理

珊瑚礁海水缸的底缸是個「高科技」的地方，充滿了維持上方觀賞缸水質的管線和設備。水從主要海水缸中溢出流到底缸，在清理乾淨後通過底缸內的泵浦再次回到海水缸中。在「乾濕兩用」過濾器中，從水缸中流進的水會先經過一群塑膠球，再流到另一個水質清潔的組件。硝化細菌在此半露於空氣中，而非完全沉浸在水中，有足夠氧氣進行繁殖，也更有效率進行反應。

　　硝酸鹽能經由硝酸鹽去除器移除，細菌能在裝置裡面的厭氧環境中生存，它們在「餵食」同時也能從硝酸鹽中獲得需要的氧氣，並將之變回氮氣。

生物過濾器　　　物理過濾　　　蛋白除沫器

左圖：完整系統涵蓋過濾及其他水質管理裝置；包括蛋白除沫器、磷酸鹽去除器、淡水「加水」儲水庫，甚至還有加溫系統。

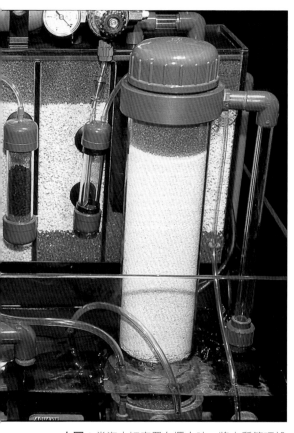

上圖：當海水缸安置在櫃中時，將水質管理設備集中放在一個容易進出的地方就顯得十分合理；雖然平時看不見，需要維護時卻很容易就能拆卸設備。

鈣反應器

鈣反應器並非過濾器，但經常和過濾系統一起使用，因此也包括在這個章節。無脊椎動物需要碳酸鈣來發展骨骼或外殼，並定期將這些元素從水中帶出。隨著水缸內海水老化，緩衝鈣的能力會降低，酸鹼值也會慢慢降低。這可能會對魚類及無脊椎動物造成代謝問題，像是呼吸困難等。對珊瑚礁動物而言，維持酸鹼值在 8.3 非常重要，而鈣反應器能幫忙做到這點。這套設備通常包括一個密封的壓克力容器，裡面裝滿了石灰物質，像是霰石（圖片中容器內是空的）。水缸內的水透過主要過濾器的分流系統緩慢流入這個裝置。整個系統注入了二氧化碳氣體，其天然酸性能慢慢溶解霰石的鹼性，使流入的海水重新充滿鈣質；二氧化碳氣體則會在這個過程中消耗。

水缸溫度控制

如果想讓熱帶珊瑚礁魚類及無脊椎動物生存，海水缸內的海水必須維持在一定溫度。尤其在夏天時，某些地區需要採取特殊方式讓熱帶海水缸海水降溫。

各式加溫設備

最常用來加溫海水的設備是一種小型獨立電力浸入式加溫管加上調溫鈕，通常稱為控溫器。這種裝置外部通常會加上一層玻璃套保護，但你也可以買構造簡單、以白銀等材質製造的控溫器。有些外置式桶型過濾器也會內含加溫裝置，但需要謹慎選擇，因為大部分調溫系統只適合在淡水系統中使用，加溫管和調溫鈕在海水中可能會受到腐蝕。你也可以選擇由外接調溫鈕控制的底缸加溫線路。

加熱設備也能和水質管理裝置（或底缸）整合，成為內建的「整體系統」。這能讓控溫器效果更加顯著，因為一次只會加熱一小部分水體。

控制溫度

標準海水缸控溫器上的內建調溫鈕能透過感應水中溫度來開關加溫管。感應方式是利用了雙金屬片的伸縮特性，在溫度變化時保持或切斷接觸；或者使用微晶片電路控制。微晶片調溫鈕通常和加溫管部分分開，而由浸入水中的探針探測溫度後傳送到調溫鈕上，進行溫度控制。

對大部分熱帶海水缸來說，24℃是最理想的海水溫度。常用控溫器的原廠設定通常就是這個溫度，但有必要的話也能調整。

控溫器可使用攝氏（℃）或華氏（℉）作為衡量標準，也可以一起使用。

右圖：控溫器透過轉動上方的調溫鈕就能簡單調整到適當溫度。有些系統會用燈光顯示開關，放置時要確保你能看到燈光。要準備另一個控溫器備用，以免使用中的控溫器故障。

外置的調溫鈕使用類比或數位方式顯示溫度。類比裝置需要手動設定，而數位模式讓你能調整多種溫度參數，通常也有自動設定功能，像是在溫度過高或過低時發出警示。有些機型還能顯示一段時間內的最高及最低溫度紀錄，同時也顯示當前溫度。這樣的數位裝置所提供的控制度與精準度不但能為海水缸生物帶來額外保護，也能讓飼主們安心。

電腦化的海水缸系統僅使用一台裝置就能調整水溫，並同時進行幾種水質測試。這種設備通常包括軟體及連接到個人電腦的線路，讓你能紀錄溫度變化及其他重要資訊。

控溫器大小選擇？

每 4.5 公升的水大概需要 10 瓦特熱量。一個海水缸大小大約為 90x30x38 公分，水量大約為 110 公升，因此需要 240 瓦特熱量。如果室內能維持恆溫，小型加溫器應該就夠用。根據上述原則，一個 250 瓦特的加溫器應該就足夠使用，但使用兩個 150 瓦特加溫器會更好，可以把溫度誤差或是加溫器損壞等狀況考慮進去。

保持低溫

冷水機包含了小型冷藏裝置，能夠冷卻進水到預設溫度。記得選擇專為海水缸設計的機型，並諮詢商家，選擇正確的大小與型號。

上圖：進水與出水管連接口的位置明顯可見，就在冷卻器的前方。

右圖：海水缸可以使用不同類型的溫度計，包括黏貼在水缸外層玻璃表面、容易讀取的液晶型溫度計。第 57 頁使用的則是數位型溫度計。

缸內照明設置

在只有魚類的海水缸中，燈光設置能純粹以個人喜好而設置。兩支螢光燈管通常就足夠，或是加入第三支藍光燈管在夜間照明。若是海水缸裡有無脊椎動物，照明就變得至關重要。許多珊瑚、海葵、軟體動物的食物來源需要仰賴蟲黃藻這種藻類。就像良好水質一樣，蟲黃藻和蕨藻屬這樣大型藻類的主要需求是適當波長的高強度光照。魚類海水缸系統中光照強度相對較低，蟲黃藻無法生長。在珊瑚礁海水缸中，正確的光照強度就顯得極為重要，這通常代表了需要使用金屬鹵素燈。

在海水缸中設置燈光照明時，需要注意兩個重點來維持燈光壽命：光度和色溫。了解這些能幫助你為魚類海水缸或無脊椎動物的珊瑚礁海水缸選擇最好的照明系統。

光度

光照的電力是以瓦特來計算，而光源的光度或明亮度則是以流明（lumens）來表示（你會看到光度也能以照度表示，也就是每平方公尺的流明量）。

光度通常會在外包裝上標示。許多螢光燈管的光度不會超過 5,000-6,000 流明，甚至更低。另一方面，金屬鹵素燈通常會放射超過 10,000 流明的光度。

光度也依賴燈光效率，螢光燈管就很難達到高程度照明；這點在深一

點的海水缸中尤其明顯，燈管光很快就變得微弱。

色溫

任何一種燈的光線都會散發出特別的色彩。事實上，我們眼睛看到的色彩是由許多不同顏色組成，而每個顏色都有不同的波長，稱為燈光的「色溫」，計算單位是克耳文（Kelvin，°K）。克耳文數字越高，代表光線顏色越白，也就越「冷」。數字越小的光會製造出一種「溫暖」的感覺，通常主要是紅色或黃色光。舉例來說，蠟燭火焰的色溫是 1,800°K，冷白螢光燈管則是 4,000°K，而明亮的金屬鹵素燈則可以達到 14,000°K。相較之下，熱帶珊瑚礁上方的清澈藍天，色溫可以達到 30,000°K。

白光的真正顏色

彩虹提醒了我們白光其實是由不同顏色集結而成的。這些顏色由不同波長產生：紫色光波長短，紅色光波長長。

右圖：光線的不同波長在海中穿透程度不同。藍色光能深入到水深 250 公尺以下，而紅色光在水下 10 公尺處就開始變得黯淡；紫外線光（肉眼不可見）則可以達到水深 100 公尺。

下圖：這些新式白光、藍光燈管比之前多散發 80% 燈光，反光盒能加強光線。

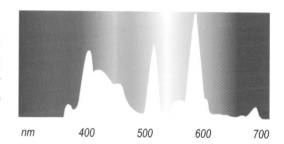

上圖：這些標準海水缸白光及藍光光化燈管長 60 公分，需要消耗 18 瓦電力。

光譜能量分佈

燈具所產生的不同波長光線的輸出強度以光譜能量分佈表示。事實上，這代表了不同顏色的光線強度。把這些光線的輸出強度集結起來，就能製成一張便於檢視的光譜能量圖表，用來比較燈光的顏色表現。下圖比較了兩種不同光源和太陽光的完整光譜。你會看到海水缸燈管外包裝上有類似的圖表。波長以奈米（nm）為計量單位，代表十億分之一公尺。

白光三基色螢光燈管

這些光譜輸出曲線顯示了這種螢光燈管在不同波長範圍下，所發射光線的有效程度，為海水缸中的所有生物帶來照明。（圖表的縱軸刻度代表相對輸出程度。）

nm   400   500   600   700

光化藍光 O3 螢光燈管

這種燈管在光譜上的藍光區域表現特別「突出」，尤其是在 420 奈米處，也就是所謂的「光化」區域達到最高峰。光化作用是蟲黃藻生長的重要條件之一，也能發射紫外線光製造螢光作用。

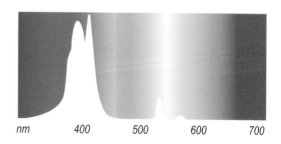

nm   400   500   600   700

缸內照明設置

左圖：家庭及公司使用的一般螢光燈管也能作為海水缸燈光。新的三基塗層加強了光線在不同波長的輸出。

上圖：雙軸燈管看起來就像傳統的螢光燈管凹折起來，再加上一排四個的兩組雙針。在海水缸上使用這種燈管能節省空間，也能提供高光源輸出。

左圖：窄徑螢光燈管提供強度較高光線、並節省海水缸遮罩的空間。這種燈管由電子開關（安定器）系統控制，有不同類型的磷光體可選擇。

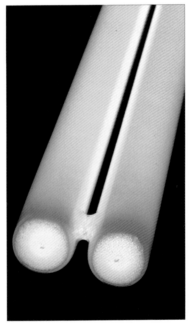

右圖：加強過的雙軸燈管能像傳統螢光燈管一樣發光，但兩支一模一樣的相鄰燈管卻能產生更為強力的光線。這種燈管的另一個好處就是兩支燈管能塗上不同磷光體配方，在同一組燈管中製造兩種不同的燈光效果。

右圖：海水缸使用的金屬鹵素燈能像圖中所示一樣嵌入燈飾中，並懸吊在開放水缸上方。這種燈提供十分明亮的照明，但周遭必須要有足夠通風空間來散熱。

上圖：同時提供白光和藍光螢光燈管和金屬鹵素燈照明的燈具讓飼主有足夠能力製造白天及夜晚的不同燈光效果；而這些燈集中的「聚光燈」區域還能呈現水缸中的特殊造景或無脊椎生物。

金屬鹵素燈

金屬鹵素燈的廣泛且高能量輸出散佈範圍介於 *400-480* 奈米（對蟲黃藻有利）和 *550* 奈米（以模擬陽光的輸出）之間。下方光譜輸出圖所示的波長高低代表了燈光的明亮度高低。

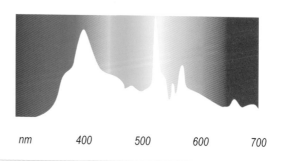

nm	400	500	600	700

缸內照明設置

照明設置的最後一塊拼圖就是照明持續時間長短——也就是「光照週期」。這其中沒有嚴格或快速的統一規定，因為每個海水缸的需求都稍有不同。最好的方式是學習自然法則，並在海水缸中複製天然珊瑚礁的生活週期。

　　赤道附近每天的日照時間大約是十二小時，而熱帶緯度地區（大約赤道和南北緯 20 度之間）的全日照時間是早上九點到下午三點之間（六小時）。如果你一開始使用的是螢光燈管，試著將燈照時間維持在十二小時左右。藍光燈或較不明亮的燈應該在主要光照時間開始前一、兩小時開始照明，並在主要光照時間結束後一、兩個小時再關燈。這樣能製造出黎明與黃昏的感覺，讓敏感魚類不會感受到壓力。

　　如果你使用的是金屬鹵素燈，試著從維持八小時的光照週期開始。而藍光燈也該在主要燈光打開前開始照明，並在鹵素燈關掉後持續照明一段時間。想讓燈光設置更加周全，可以加入可定時的計時器和符合月亮週期的特殊「月光燈」配合。

自然光照週期

在熱帶區域，海水一年內大部分時期的每日日照時間是十至十二小時。

在副熱帶地區，會有黎明與黃昏時刻。

光照集中在一天的中間時段。

海水缸光照週期

海水缸光照應該模擬自然光照，但有特殊目的的話可以稍微調整。

在每天即將結束時，在關掉光化藍光燈之前應先熄滅白燈，以製造黃昏效果。

光化藍光燈應該比其他燈先開啟，製造黎明效果。

光線如何在海水缸中逐漸減弱亮度

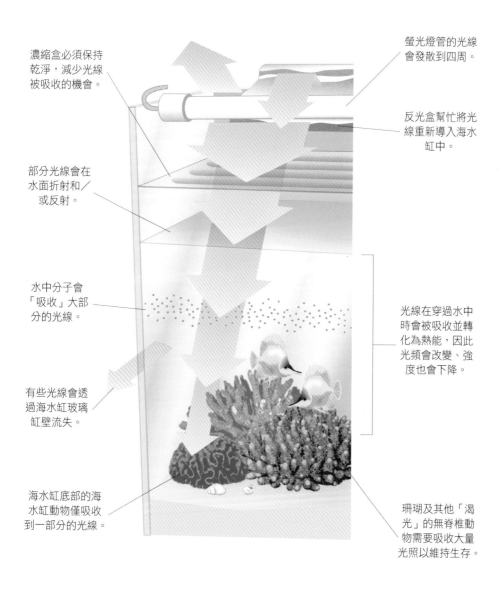

濃縮盒必須保持乾淨，減少光線被吸收的機會。

螢光燈管的光線會發散到四周。

反光盒幫忙將光線重新導入海水缸中。

部分光線會在水面折射和／或反射。

水中分子會「吸收」大部分的光線。

光線在穿過水中時會被吸收並轉化為熱能，因此光頻會改變、強度也會下降。

有些光線會透過海水缸玻璃缸壁流失。

海水缸底部的海水缸動物僅吸收到一部分的光線。

珊瑚及其他「渴光」的無脊椎動物需要吸收大量光照以維持生存。

選擇造景石

海水水族飼養的新手若是以為海水缸內的底沙和造景石僅是為了美觀，還可以諒解。但在現代海水缸中，這些東西無論是在維持海水品質、提供魚類及無脊椎動物棲息地上扮演了不可或缺的角色。一般來說，這些素材在使用前都需經過清潔或修復，且需在開始設置海水缸前就準備好。

當你要裝飾海水缸時，永遠都從最底層開始。首先，將岩石或活石直接放在水缸底部，再於上面設置底沙（第46頁開始的基本海水缸設置步驟即採用這個方式）。或許這是常識，但若你要設置如充水層這樣的生物過濾系統，通常會設置在底沙下方，因此必須在進行其他步驟前先行設置。

底沙

若想要建立有「自然感」的熱帶海水缸景觀，珊瑚細沙及砂礫是你的唯一選擇。在溫水海水系統中，你可以使

左圖：珊瑚砂礫和細沙（如圖所示）是最適合也最容易取得的海水缸底沙材質。不但看起來合適，也能幫助維持穩定的酸鹼值並提供高緩衝能力。

用柔軟的海灘細沙、砂礫或小圓石，也可以三者一起使用。

珊瑚礁上的細沙通常是由鑽孔蟲和鸚哥魚這類動物所產生。牠們會咬碎珊瑚以攝取微小有機物及藻類。牠們的咀嚼活動十分徹底，隨後排泄的精細沙粒會落到海床上。珊瑚砂礫則是由海浪活動所製造而成，珊瑚會因為海浪拍打而破碎，碎片再漸漸被磨成顆粒。在自然界中，蟲類、甲殼類以及某些微生物這樣的有機體會生活在沙中，讓一定深度的沙層保持乾淨且有足夠的氧氣。在海水缸中也一樣，這些有機體會在沙子需要「活起來」時派上用場。

選擇造景石

除了決定如何擺設缸內景觀以外，你也必須選擇正確素材放入。要再次記得水質控制有多重要，並在多樣的石灰質及惰性物質素材中謹慎選擇。幸運的是，熱帶海水缸使用的素材如火山岩、海底石，以及所謂的「活石」（詳見第29頁的專欄介紹）取得方式並不難。如果溫水或冷水海水缸有需要，你可以使用更多不同的素材，像是沙岩石、花崗岩、某些頁岩（可使用灰色）及石灰岩。無論你決定使用哪些素材，在使用前都必須仔細檢查這些石頭，確保石頭中沒有金屬礦脈，

海水缸的造景石

石灰海底石能幫助維持海水缸的酸鹼值。

這種多孔石透過手工鑿洞，提供通道讓魚類能「悠遊其中」。

這塊海底石經過磨平，能讓藻類順利附著生長。

特別是凝灰岩和火山岩，偶爾會在其中發現礦脈。

　　基本上，可以依據個人品味來設計你的海水缸棲息地，但值得花時間考慮一下你想飼養生物的需求。魚類一定會需要夜間棲息的空間，除非牠們是夜行性動物，那作息時間則會相反；蝦類及其他甲殼類動物則需要在洞穴突出的礁石岩棚的下方棲息；有些魚類如獅子魚則通常會倒掛在岩棚下休息。有領域性行為的動物如同其名，必須建立牠們自己的領域；而巡遊性魚類如砲彈魚、燕魚、神仙魚等，則需要足夠的活動空間。在加入洞穴、縫隙、岩棚及拱門等構造及寬闊游動空間後，你就能滿足許多魚類的需求。

打造火山岩洞穴

將「洞頂」按壓在塗過樹脂的地方黏合，靜置幾天後才能使用。

缸內其他人工擺飾

感謝野生動物節目的普及，近年來，我們對如何設置海水缸中珊瑚的看法不僅有所改變，也有越來越多的資訊來源。珊瑚死亡後的骨骼殘骸不再被視為裝飾性設置或大自然的象徵，我們現在同樣重視活著的珊瑚，並極力確保在設置海水缸時，不僅要滿足魚類生存的必需條件，也盡力滿足珊瑚的需求。

對想打造出自己理想海底世界的飼主來說，不必太過擔心如何在海水缸中維持活珊瑚生存。有許多珊瑚塊複製品可用來裝飾海水缸。用來取代真實珊瑚的精緻複製品被海水缸中碎屑或藻類覆蓋後，很快就能擺脫原本的人工感；但它們仍然能提供魚類和野外並無二致的天然避難處及棲息地。相較於活珊瑚，人工珊瑚還有一個優勢：在骯髒時還能拿出水缸刷洗乾淨！

只要善加利用人工岩石與束線帶，就能建造出自然般的景觀。從海水缸對角方向吊起部分石塊就能避免岩石崩塌的風險——尤其是當底沙層特別淺，或你要打造開放式洞穴時。

試著避免完全沒有或只有一點水流能流動的盲點。海水缸的任何一角都需要有氧氣充足的水流經過；尤其是珊瑚礁海水缸，因為水流會將食物帶給不能移動的無脊椎動物。必要時設置小型馬達，能促進海水依照理想方式流動。

將藤壺殼黏成一團，營造自然的視覺效果。

左圖：無論是天然或人工岩石，魚類都能在其中縫隙找到棲身之所。當黑夜來臨，大部分魚類都能找到地方躲藏一晚。

下圖：只要選擇對比強烈的形狀、大小及顏色，這些人工珊瑚塊模型也能增加水族館裝飾的層次。要記得，這些模型不會長大，但要確保你有足夠空間讓軟、硬活珊瑚有地方生長。

這株人工珊瑚樹看起來雖然豔麗，但它很快就會褪去刺眼外表，為海水缸景觀增添色彩和趣味。

這株合成柳珊瑚看起來十分逼真，其優雅的盛開身姿將會和其他筆直形狀的人工珊瑚成為明顯對比。

右圖：以樹脂製成的珊瑚模型栩栩如生，也會很快地被缸中藻類及碎石覆蓋，而染上逼真的綠鏽色。如果我們想保育野外真實的珊瑚，這些模型是我們的唯一選擇。

缸體放置與準備

在接下來幾頁中，我們將討論設置基本海水缸的幾個步驟，並使用不同設備完成三種主要過濾過程——生物、物理及化學性過濾——以及溫度與照明設置。我們設計的海水缸將包括底沙、一些活石，以及能和諧共處的魚類與無脊椎動物。

我們的設置過程還會包括如何設置外置式流沙床過濾系統、用來移除有機和化學廢棄物的外置式蛋白除沫器，以及外置式過濾器，它會利用泡棉和過濾綿來移除懸浮分子並促進缸中海水流動。由於其中某些設備會設置在水缸外面，要確定海水缸櫃上（或後方）有足夠空間放置設備。

開始設置以前，最好先列出所需物品清單。確認地面及水缸架或櫥櫃能夠承受滿水海水缸的重量。依照所附說明書指示放置缸體，並在架面上先放置一張合成樹脂或塑膠泡棉墊，來幫助平衡海水缸，然後才將海水缸放置在上方。

清理海水缸

在開始佈置前先徹底清理海水缸非常省力，可以在把水缸放到最終位置上後開始進行輕鬆的清理步驟。你會發現使用帶有「吸盤」棒的海水缸用品清理玻璃效果不錯。先撕去所有包裝上的膠帶和指紋，接著用加過鹽巴的溫水清洗水缸內部，再用無塵擦拭布或紙巾擦拭乾淨。最後再用浸過酒精的布料移除任何難清的油漬或運送包裝的痕跡。你也可以用家用玻璃清潔

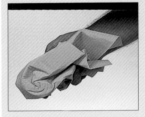

劑擦拭水缸外部，但是千萬不能用來擦拭水缸內部！

確認水缸兩端的缸體水平。必須維持水平一致，才能避免玻璃平面在裝滿水後受力不一。要記得，裝滿水後無法再調整水缸的水平位置。

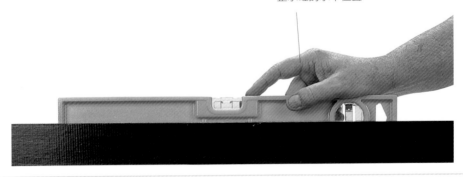

缸體放置位置

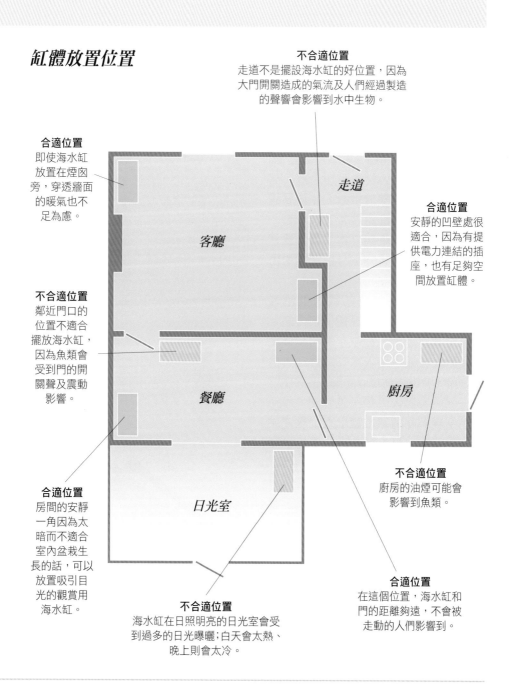

不合適位置
走道不是擺設海水缸的好位置，因為
大門開關造成的氣流及人們經過製造
的聲響會影響到水中生物。

合適位置
即使海水缸
放置在煙囪
旁，穿透牆面
的暖氣也不
足為慮。

合適位置
安靜的凹壁處很
適合，因為有提
供電力連結的插
座，也有足夠空
間放置缸體。

走道

客廳

不合適位置
鄰近門口的
位置不適合
擺放海水缸，
因為魚類會
受到門的開
關聲及震動
影響。

廚房

餐廳

不合適位置
廚房的油煙可能會
影響到魚類。

合適位置
房間的安靜
一角因為太
暗而不適合
室內盆栽生
長的話，可以
放置吸引目
光的觀賞用
海水缸。

日光室

合適位置
在這個位置，海水缸和
門的距離夠遠，不會被
走動的人們影響到。

不合適位置
海水缸在日照明亮的日光室會受
到過多的日光曝曬；白天會太熱、
晚上則會太冷。

安裝加溫器與過濾器

在所有海水缸的必要設備中，加溫器是最容易架設、維護需求也最低的設備。我們在第 34 頁中介紹過，一個簡單附有恆溫控制的電子浸水式加溫器（控溫器）可以直接掛在水缸上，且在必要時會自動關閉。在長度超過 60 公分的水缸中，通常會將加溫器所需的瓦特數分成兩部分供給，並需要兩台控溫器，在水缸兩端各安裝一台。這是為了確保水缸能平均加溫；要是其中一台故障，另外一台也當成備用加溫器持續運轉。

控溫器以電線連結電力供給裝置，通常是透過「收線盒」來連結。不像泵浦或燈光，它並非使用交換電路。因此在伸手進入水缸進行缸內清潔之前，要記得把電源開關完全關閉，且在關閉電源後等候一段時間，等待加熱器內剩餘的熱力發散完全後才開始進行清理；這步驟在需要流掉水缸內海水的時尤其重要。

安裝加溫器是個簡單的步驟，只需要把支撐的吸盤黏到水缸玻璃上就可以。為了確保其能長久附著，要在加水之前把吸盤確實黏壓在乾燥的水缸玻璃上。加水之後，海水就會在吸盤上施加壓力。在水中黏壓吸盤就沒那麼容易了，因為總會有一小部分的水進入吸盤與缸壁之間，減弱附著力。

永遠要記得確認加溫器上有沒有底沙附著，以保持流過加溫器的最大水量。

加溫選擇

設置海水缸加溫器有兩個選擇。你可以將加溫設備安裝在海水缸內，或是放置在位於海水缸下方分離的水質管理底缸中。既然如此，我們可以將一台加溫器放進底缸、另一台放進海水缸中，不失為一個謹慎的方式。

控溫器上方的溫度刻度清楚地記錄著溫度。要記得，這裡顯示的是你設定的溫度，而非海水真正的溫度。

左圖：魚類——尤其是敏感魚類——有時候會受到吸引，想在加溫器附近棲息，進而可能被灼傷。因此在加溫器上加上保護套可以防止這種事情發生。

1 除了最小型的海水缸外，所有海水缸最好使用兩台加溫器，分別置放於水缸的兩端，以確保熱量能平均分配，並在任一加溫器故障時持續使用另一台當作備用。這些裝置結合了加熱棒及小型電子泵浦來發散熱量。

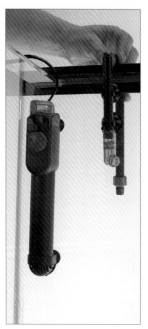

2 將外置式過濾器的出水管安置在海水缸的一端，試著調整一下，用水中棲息地景觀遮掩住。

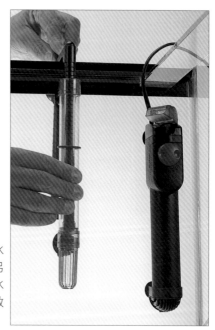

3 將過濾器進水管安置在水缸另一端，遠離出水管，製造最有效率的水質循環。

安裝外置式過濾器

如果加溫器被放置在底沙表面，就會發生部分水質沸騰的現象，可能會造成玻璃水管破裂。同樣地，不要在加溫器附近放置過多的裝飾物品，不然會阻擾水流流動。

我們也有其他加溫海水的方式可以選擇；有些外置式過濾器也含有加溫功能。雖然過濾系統會放置在分離的底缸部分，並通常置於海水缸下方；但加溫器也能放在底缸中，不一定要放在海水缸中。

要調整水溫的話，只需要轉動控溫器上方的控制鈕。向左或右轉動最多四分之一圈後，就能看到明顯溫度改變。等待 30 至 60 分鐘後再重新讀取水溫。控溫器內部的小型霓虹燈會做出反應，當燈光亮著就代表加溫器正在運轉。

不要搞混加溫器的「預設溫度」指標和實際水溫，後者需以水缸內或上方的溫度計為準。

4 將水管連接到外置式過濾器。要仔細把水管栓緊，確認不會在水壓全開時脫落，否則水缸裡的水就會漏到地上！

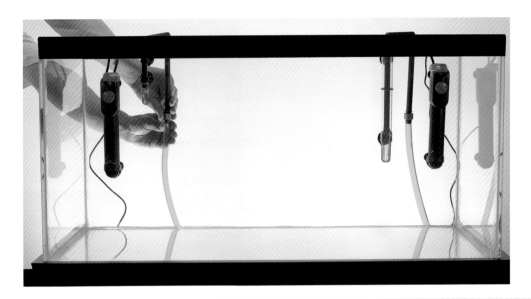

外置式過濾器開關閥

記得在外置式過濾器上安裝分離開關閥，在清理過濾器時方便又不麻煩！如果你在清理後把過濾器裝水裝到近滿，再重新連結並打開開關閥，就只留下少許空氣需要排除。仔細觀察從出水管排出的水流，只要發現水流速度變慢，就代表過濾器需要清理了。

5 確實將水管連接到外置式過濾器，並確保水管沒有打結；有必要的話，在水管上標記出水和進水管。

6 如果你選擇將海水缸放在櫥櫃中，很容易就能把外置式過濾器這種外部設備隱藏起來。

安裝其他過濾系統

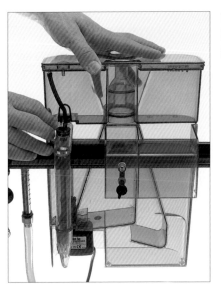

7 市面上有幾種不同的蛋白除沫器，這一種需要掛在海水缸背板上。要確定你有足夠空間能將這些設備拆下來定期清洗。

8 這個海水缸將使用流沙床過濾器來進行生物式過濾。這種特殊裝置是由小型的浸水式泵浦所驅動，由吸盤固定於缸內背面玻璃上。

9 將流沙床過濾器安置在缸外背面玻璃上方，再用水管連結缸內的泵浦。務必確認裝有濾沙的區域是垂直的。

10 這是海水缸在安裝完加溫及
過濾設備後的模樣。

流沙床過濾器。懸浮流
沙不停翻騰造成的高接
觸表面積提供高效率的
細菌反應。

海水由此從外置式過濾
器回到水缸。適當擺放以
配合缸內的景觀設置。上
方還可加裝灑水棒。

外置式過濾器的進
水口，確保水流流
入時沒有任何阻礙。

蛋白除沫器。輕巧的
型號能夠輕鬆置於水
缸和牆面之間。需要
定期清空收集室。

加溫設備。海水缸
兩端各設有一支，
確保加溫平均及預
防設備故障。

加溫設備。需確
認沒有碰觸到底
沙層，也需確保
周遭水流沒有被
阻擋。

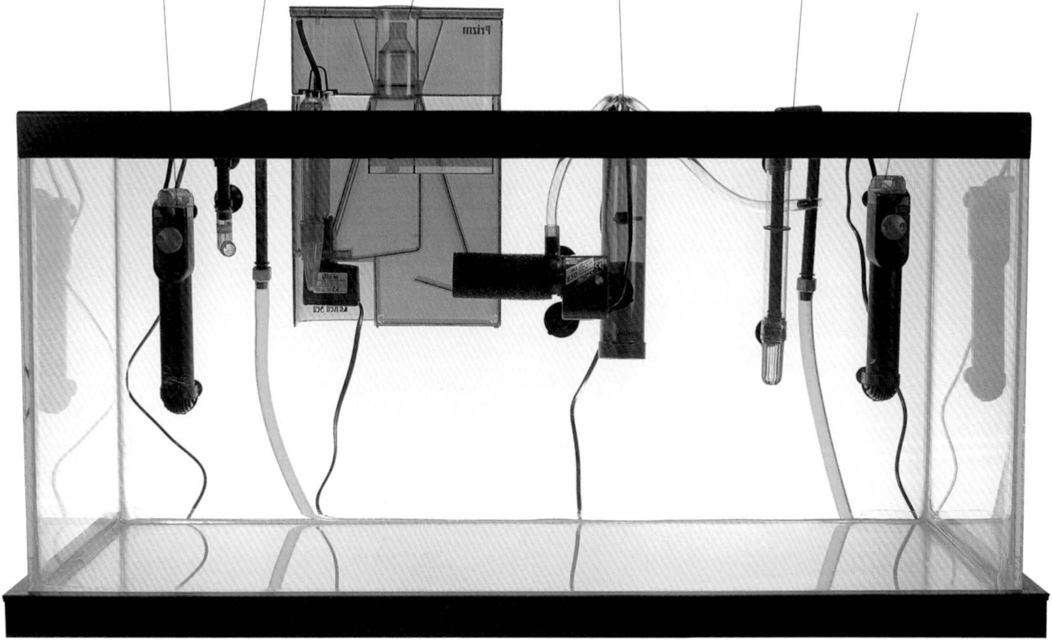

添加活石與底沙

假設你手邊已經有預先備好的熟成海水，溫度和比重適當、酸鹼值在 8.3，你就可以開始把活石放入缸中，並在放入活石且鋪好底沙後立刻加入海水。如果你在設置準備階段才混合海水，就要等到海水缸完全運作後才能加入活石，以避免損壞其中的有機體。

在海水缸中，我們用珊瑚沙鋪出約有 2.5 公分厚的底沙層，相當於每 900 平方公分有 4.5 公斤的沙。要是鋪得更厚的話，底沙下層就可能會發生缺氧情形。

在使用底沙前應該先清洗乾淨，這個步驟最好在開始設置海水缸前就完成。清洗方式是用細抄網一次只洗一小部分沙子。把抄網懸空在水桶上方，再從水龍頭或水管注入水流沖洗，一直沖洗到所有碎石都被清除為止。在倒棄廢棄物時要小心不要卡住家中水槽的濾網。當所有沙子都洗淨後，

將底沙平鋪在水缸底端及棲息地岩石周圍，讓岩石看起來就像是從底沙中長出來的一樣。

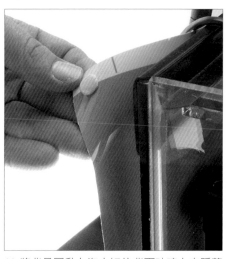

11 將背景圖黏在海水缸的背面玻璃上來隱藏設備。藍色是最適合的選擇，更能凸顯魚類和無脊椎動物身上的顏色。展示用海水缸也能使用黑色背景做出好效果。

12 將頭一批活石直接放入缸底，要謹慎置放，才能建造起穩固的景觀。在這個步驟，我們只使用品質優良的活石，且決定不加入其他種類的底石和其他海水缸擺設。

13 在設置生物棲地時,需要提供缸內生物多處場所休息,同時還能隱藏缸內設備。但也要留下開放空間讓需要游動的魚類使用,也不能讓這些岩石變得乾燥。

14 這個海水缸最適合的底沙就是珊瑚沙。將沙子平鋪在水缸底端和岩石周圍,讓棲地岩石看起來就像是從底沙中長出來一樣。

添加海水

如果你已經在另一個容器或空置的水缸中混合好海水，就能直接將海水小心倒入海水缸中。倒水時最好將水倒在岩石上或事先放在底沙上的容器中，以免水流導致底沙移位。接著將流沙床過濾器和蛋白除沫器的泵浦接上電源並打開開關，開始讓水流動、讓機器運轉。在這個步驟中，請仔細依照設備製造商的指示進行。海水缸中的水平面這時會下降一點點，必須再把水填補回去。接著再打開過濾器及加溫器。

如果你沒有預先預備好海水，就必須在開始設置海水缸前重新混合一批海水。在混合時，水溫應該維持在一般海水缸的溫度，也就是 24℃，鹽分才能穩定地溶解。要簡單測量溫度的話，可以參考貼在混合容器外的溫度計；但為了精準度，最好使用玻璃溫度計直接在水中測量。若你確定鹽分已經完全溶解，使用比重計來探測比重。如果數字小，就加入更多鹽巴，重複步驟並繼續測量比重，直到比重值達到 1.022 至 1.023 之間。

請記得，在海水缸開始運作、裡面也有生物後，你不能直接在海水缸內混合海水；必須使用另一個容器來混合海水。

當一切設備都正確設置後，就能將海水加入缸中，並連結加溫及過濾系統。

左圖：記得使用非金屬容器來混合海鹽和水；能夠用做食物調理用途的水桶最為理想。要注意硝酸鹽及不含磷酸鹽的混合鹽。

為海水缸找一個專用水桶。

混合技巧

現在的混合鹽經過仔細研究，混合了在海水缸中複製「天然海水」所需的精確成分。在測量比重之前，你應該在混合海水的容器中使用另一支控溫器，以確保合成海水維持在正確溫度。使用前要把海水放置在空氣中二十四小時。

16 將數位溫度計的顯示器黏在缸外玻璃上,並將探測針放入水中探測;最好和加溫器保持一段距離。

15 因為這個設置步驟包括安置活石,我們必須添加成熟的海水,像是從另一個已在運作的海水缸內取來的海水。新的海水可能會傷害活石內本來就存在的小型無脊椎動物。緩慢地將海水倒在岩石上,以防底沙移位。在放入水缸前,應該持續保持活石濕潤。

設置燈光與養缸

燈罩必須能夠容納兩支白光 10,000 °K 的螢光燈管及一支光化藍光 O3 螢光燈管。也要裁切開口以放入過濾器相關配置及其他水管和電線。木頭燈罩表面以塑膠壓製或塗上幾層聚氨酯橡膠（PU）漆是理想選擇。另外將燈光控制裝備放在遠離海水及水花的地方。

最好將燈光電源線連到遙控盒或延長線上，和泵浦與加溫器的電源線放在一起，這樣連到插座上的電線就只有一條。

養成過濾系統

即使在這個階段海水缸內還沒有生

17 把燈管放到燈罩上（藍色的放在最後），替海水缸提供最周全的照明。燈管之間的間隔距離越遠越好，讓中間空氣能充分流動，防止過熱。

18 使用螢光燈管時，要使用燈罩中特殊設計的卡槽安全地卡住燈管，不要自行使用金屬夾。

物，也應該按正常光照週期開關燈光，也就是維持一天光照十二小時，以幫助養成海水缸。在放入活石後，這更是不可或缺的步驟。

另外，在過濾器運作成熟前，也須注意不要再加入任何活石。也就是說，你必須等到缸內有足夠的硝化細菌處理氨及亞硝酸鹽。在設置時，「活石」內應該已有細菌存活，養成進度可能會較其他海水缸快。要持續每天測試氨及亞硝酸鹽的含量，直到兩者的數值降為零為止。一開始，你可能不會馬上看到明顯增加的數字來證明氨及亞硝酸鹽的存在；但這不代表水缸是乾淨的，因為兩者數值都是逐漸升高，而氨含量會率先攀升。要有耐心等待，看到連續幾天數值都為零以後才放入生物。在確定兩者數值皆為零後，換掉 20 至 25% 的海水，以稀釋之後可能會升高的硝酸鹽含量。

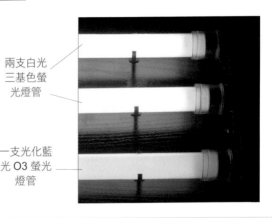

兩支白光三基色螢光燈管

一支光化藍光 O3 螢光燈管

海水缸養成過程

我們需要了解氮廢棄物含量在海水缸養成過程頭幾週的變化。

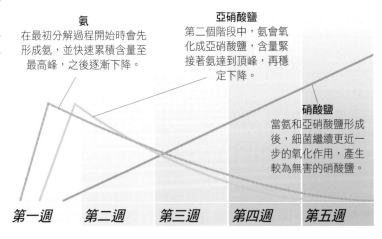

氨
在最初分解過程開始時會先形成氨,並快速累積含量至最高峰,之後逐漸下降。

亞硝酸鹽
第二個階段中,氨會氧化成亞硝酸鹽,含量緊接著氨達到頂峰,再穩定下降。

硝酸鹽
當氨和亞硝酸鹽形成後,細菌繼續更近一步的氧化作用,產生較為無害的硝酸鹽。

第一週　　第二週　　第三週　　第四週　　第五週

觀測水質,在氨及亞硝酸鹽連續幾天含量數值為零後才放入魚類。

19 連結加溫及過濾裝置電源並啟動。放入寄居蟹和／或螺類這樣的「清潔大隊」,在沒有魚類、維持十二小時光照週期的海水缸中控制藻類生長。

在這個階段要保持耐心,確保海水缸有個健康的開始。

選擇魚類與無脊椎動物

有幾個因素會影響飼主選擇海水缸生物：牠們彼此之間和與其他生物之間的相容性、飲食習慣、對圈養的容忍度、牠們的外表，甚至是價錢。因此，仔細研究你想養的生物相關知識非常重要。

購買健康生物

在購買前，謹慎觀察魚類和無脊椎生物。牠們必須有警覺心，並且沒有任何損傷，也要避免看起來瘦弱、腹部有掐痕的魚類，因為通常這種魚很難康復。淡水魚飼主習慣看到健康的魚游泳時會挺起魚鰭，但許多海水魚類會讓魚鰭自然垂落，因此不能用來評判健康與否。至於無脊椎生物，我們更難看出牠們是否健康。以珊瑚（通常附著在岩石上）、海葵及其他水螅動物為例，要注意牠們的組織損傷甚至腐蝕；這也適用於海綿動物。甲殼類動物或海星的話，則需要確定牠們的肢足沒有受傷；海膽身上不應該缺少任何長刺。總而言之，避免任何流出奇怪黏液的無脊椎動物，除非你確定那是該種生物的正常特質。

受到壓力的魚類通常會分泌過多的皮膚黏液，通常是白色斑點黏液。即使把魚帶回到家中條件較好的海水缸後可能會有所改變，也還是避免選擇這些魚類。

許多熱帶海水魚類和無脊椎生物外表充滿了鮮豔色彩。必須確認牠們身上的顏色是原本就該有的顏色，避免購買單調而不自然外表，或有明確

左圖：面對水族商店中五花八門的魚類時，你應該了解自己要找的是什麼，才能買到健康的魚兒。不要因為外表好看就買下牠們，牠們可能會無法和其他生物相容。

記號的魚類。雙眼霧濛、腫脹、潰傷和不正常或不穩定游泳姿勢都是不好的徵兆。要特別注意有沒有抓傷或不正常的呼吸急促，這些症狀代表寄生蟲感染、其他可能失調症或有毒水質。

某些魚類，特別是直接從野外捕捉的魚類，可能需要一段時間才會開始習慣被圈養餵食，所以最好在購買前詢問商家是否能觀察牠們的進食狀況，大部分的店家應該都願意讓你這樣做。然而，這樣可能也會有問題，魚類會食物逆流，或在回家途中於暫時性容器內排泄而產生氨。在你看過動物餵食後，最好留下訂金並安排在隔天將魚領回。也因為這些原因，你最好能和選擇的店家發展良好關係，並互相信任。

購買魚類及無脊椎生物時，使用同一個商店或來源以確保穩定的生物品質和服務品質。若你從不同地方購買生物，一旦出了問題，很難追蹤來源；你也無法通知相關人員，或期望任一來源能負起責任。

回家路途

當你將選好的生物帶回家時，這應該是牠們從自然環境到海水缸整個過程中最後一個階段。對魚類和無脊椎生物而言，最好的標準運送方法就是在塑膠袋中，裝入三分之一的缸內海水及三分之二的空氣。如果回家路途漫長，可以向店家說明，就能在塑膠袋中打入氧氣來取代空氣。如果天氣冷或是非常炎熱，或許能買到或借到保溫的保麗龍盒來運輸你的動物。

在運輸過程中，不要將魚類曝曬於強光之下，讓牠們在黑暗中保持安定。塑膠袋應該用紙包起來或放在暗色紙袋或盒子中。同樣地，不要讓牠們受到突然的劇烈震動。如果是用車輛運送，在運送盒旁邊墊上軟墊，使動物不會因引擎震動或路面不平而受到劇烈搖晃。

右圖：動物從商店水缸中被撈起來並放入袋中後，塑膠袋通常會被放在棕色紙袋中。黑暗環境較能使牠們安定下來，並防止回家路上會產生的不適壓力。

放入魚類

在放入新動物時，全程宜保持昏暗燈光。打開包裝，並將塑膠袋放在海水缸中漂浮十五分鐘，讓溫差平衡。如果運輸時間很長，袋中水的酸鹼值會有降低的風險。酸鹼值遽變對海水動物會有很大的傷害，因此應緩慢地混合塑膠袋中的水和水缸水，直到兩者達到平衡。打開漂浮的塑膠袋，並多次放入少量水缸水，直到整個塑膠袋裝滿為止。確保袋子不會沉到水中，再將袋中三分之二的水倒回水缸中，並重複此步驟。在你第二次裝滿塑膠袋之前，你應該會發現酸鹼值、比重及水溫都已經平衡。然而，你還是得在把動物放入海水缸前，做些測試以確認數值。

為了避免為魚類和無脊椎生物帶來過多壓力，你應該謹慎平衡牠們的需求，讓牠們有足夠時間來適應新環境。仔細觀察牠們的呼吸，就能看出魚類所受壓力程度，但無脊椎動物則比較難觀察。

既然活石內已經有活的有機體，你必須以對待魚類及無脊椎動物的相同方式，讓活石適應海水缸環境；對待藻類也是同樣的道理。

隔離新動物

如果你不確定新動物有多健康，建議你在將牠們放入海水缸前，先放在以隔離為目的而設計的隔離缸中；要記得持續維持這個隔離缸，作為海水缸的必要設備之一。即使用意良好，總有人會說（這話也的確有道理）任何將動物從一個環境轉移到另一環境的額外運送過程都會造成牠們的壓力；這個額外的隔離過程就是一個例子。當再次轉移動物時，你也要以同樣方式讓這些動物再次適應新環境。因此從信譽良好的商家購買健康魚種，能減少需要隔離的次數。

上圖：將尚未打開的塑膠袋放進水缸中漂浮以平衡運送水和水缸水。這時候最好把燈關掉，能幫助魚類或無脊椎生物在過程中安定下來。

左圖：當運輸袋漂浮十五分鐘後，你就可以打開袋子，慢慢如主文所述混進海水缸的水。這樣做能平衡不同的酸鹼值、鹽度，並在放入動物前「微調」水溫。

入缸頭幾天

將動物成功引進海水缸後，將燈光關掉一小時，但也不要保持完全黑暗；之後就可以按照週期打開燈光。這時候通常可以餵食少量食物。對許多動物來說，在新環境中進食是一種移置活動；知道有食物可吃時能幫助動物安定下來。很明顯，健康的活石能以微生物及藻類形式為生物提供幾種合適食物。然而，有些魚類在適應期可能會連續幾天都不進食，但不會造成無可挽回的傷害。最知名的例外則是刺尾鯛和海馬，牠們幾乎必須不斷地進食。

無論你要將生物放進新設置的海水缸或是已經養成好的系統中，記得一次只能放進一隻魚，以免造成生物過濾系統負荷過重。細菌群會逐漸追上額外增加的負擔，到時候你才能再加入另一隻。若是珊瑚或其他無脊椎動物，你可以將岩石上一整群水螅動物計算成一隻動物，因為牠們體型不是很大。事實上，你可以每隔一週就將無脊椎動物成對地放入海水缸。

最好記得，任何有特別激烈領域性行為的動物最好在最後才放入海水缸。如果早早放進水缸，這些動物可能會殘酷地攻擊之後放入的新動物。

放入無脊椎動物

放入魚類時的基本原則也同樣適用於放入無脊椎動物時的步驟。這些生物包括海葵、螃蟹、蝦子與明蝦、各類管蟲、海星、海參、海蛞蝓和海膽。為了養殖無脊椎動物，你會需要學習不同養殖技巧；大部分無脊椎動物是定居型，很少離開自己固定棲息的珊瑚或岩石。能以過濾器餵食的種類比較省事，但你需要親手餵食海葵，用鑷子將細碎食物放到牠們的觸角上。

　　無脊椎動物會在海水缸中繁殖。以海葵為例，牠們可以直接分裂生殖，或射出幼蟲來增加數量。寄居蟹的移居過程十分值得觀察；牠們會在身體長得比原先住處更大時，開始物色更大的「住宅」。海水缸在夜間時也會有活動；許多軟珊瑚及其他類似動物會在黑暗中放出點點光芒。

上圖：避免將個別珊瑚礁與海葵放得太靠近彼此，在擺放時也絕對不要用手指碰觸牠們的組織，碰觸可能會造成嚴重損傷。

左圖：同樣的方法也適用於活石、藻類及珊瑚。在放入新物品裝飾棲息地時，要小心不要傷害其他無脊椎動物。將物品放在景觀中穩當的位置，以免被其他缸內動物輕易移走。

上圖：這是一對清潔蝦。所有無脊椎生物在放入海水缸時，都需要與對待海水魚類相同程度的細心照護。

成品與欣賞

下面是完成的海水缸，包含了初期放入的動物。請記得一次只引進一隻魚或是無脊椎動物，除非牠們小到一次能放進數隻，但請謹慎判斷！在加入下一隻動物前，密切監測水質以避免過濾系統負擔過大，也避免造成動物的壓力。

除了在水質控制管理中擔任重要角色外，活石棲息地不僅支持著身上的有機體族群，也提供其他水缸生物棲息地，並作為加入活珊瑚、海葵及其他附著生物時的基石。

黃三角倒吊非常健壯，適合放入這種設置初期的海水缸。

生物相容性

在思考海水缸中要飼養什麼生物時，你必須謹慎考慮魚類及無脊椎生物之間的相容性。大自然看似非常殘酷，大型掠食性魚類會吃掉小型魚類，而小型魚類可能也吃掉更小型的魚類或無脊椎動物，甚至某些無脊椎動物也能吞食魚類。遺憾的是，即使水缸中的生物生存在容易取得食物的海水缸中，也不一定會被馴養，因此這種食物鏈行為還是會繼續。

如果你不確定某個生物的正常作息為何，以這個作為準則判斷：看看這隻魚的體型或嘴巴是否比缸內其他魚類更大；如果是的話，小的魚有可能會被吃掉。石斑、獅子魚、神仙魚和鱘魚就是屬於這類生物。同樣地，有較大觸手的無脊椎生物也可能造成嚴重傷害，而有著強力刺細胞的海葵能夠輕易地捉住游動緩慢且脆弱的動物，例如海馬。

其他較不明顯的威脅包括蝴蝶魚會吃掉珊瑚的刺細胞、單棘魨常會狠狠撕咬較為瘦弱的魚種，而砲彈魚有著適合吃掉多刺海膽的嘴巴。另一個考量重點是，當在自然界中群居的魚類被個別單一養殖，可能會改變牠的防禦對策而變得具有侵略性或領域性，因為牠無法再依靠群體優勢。為了抵抗海水缸中的掠食行為，最好的策略就是在購買生物前詳細研究牠們的生活特性。

為了避免其他侵略性行為，最好學習如何分辨性別。以雀鯛為例，已經建立巢穴的雄魚會與其他雄魚兇猛鬥爭，也會因為同樣原因與其他魚類打鬥；但雌魚會比較願意和其他魚類同住水缸中。雄性雀鯛的鰭通常會有顏色，但雌魚的鰭卻是透明的。

珊瑚、海葵及海生藻類

活生生的硬珊瑚（或石頭珊瑚）與正在礁化的珊瑚，都受到《瀕臨絕種野生動植物國際貿易公約》的管制，但還是可以取得合法進口證照。蛤類（硨磲蛤屬）也受到管制，而軟珊瑚、海藻及其他水螅動物則沒有受到管制。現在也有商業珊瑚養殖場；你應該盡量選擇這類來源購買海水缸動物。許多飼主都成功地自行繁殖珊瑚，而與同好交換生物也很普通。你也可以選擇樹脂材質的人工珊瑚礁（詳見第45頁）。

　　將珊瑚與其他類似生物加入海水缸的過程並不像幾年前一樣那麼困難。雖說如此，硬珊瑚仍然不適合新手，應該從其他較強韌的相關水螅生物開始入手。永遠記得，有些魚類會吃掉珊瑚及其他無脊椎動物，甚至連藏在活石中的魚類也會；因此在考慮混合飼養生物時，這些也要考慮清楚。

海生藻類

珊瑚礁上一整片藻類顯得十分巨大，除了生長在底沙上、較容易分辨的大型海藻外，還有生存於珊瑚組織內的蟲黃藻，特別是硬珊瑚和蛤蠣體內。珊瑚就是因為這些藻類，才能生存在強光照射的區域。就像其他植物一樣，蟲黃藻也需要光線進行光合作用。

　　將大型藻類放入珊瑚礁海水缸中

能提供許多水族玩家從淡水缸轉換到海水缸時缺少的植物元素。大型藻類也對草食海水魚類很有幫助，像是草食性刺尾鯛。藻類大多從海水中的廢棄物吸取養分；但你可能必須添加額外的微量元素和肥料，甚至是二氧化碳，後者大概是植物最重要的養分。藻類茂盛生長的缺點之一大概是它們可能會突然「崩毀」，枯死時釋放出毒素到海水中。為了避免這種情形發生，要定期摘取你的藻類。尤其是蕨藻類這種大型藻類，能夠快速佔據整個水缸；只要生長條件適合，它們的成長率十分驚人。

上圖：蕨藻有數種不同「葉片」形狀，但上圖所示的葡萄團狀葉片蕨藻馬上就能知道是總狀蕨藻。這是一種十分吸引人又長得較慢的蕨類。

上圖：當通常呈展開姿態的水螅動物收縮起來時，只能看到圖中這種韌實感的觸指。牠們有不同的收縮方式，能在光照明亮的海水缸中健康成長。

上圖：水螅動物會附著於與葦珊瑚外觀相似的指形軟珊瑚上各個指型突出觸角，而非起伏不平的平面上。

左圖：像這種地毯海葵的大型海葵如果要在海水缸中長到這個體型，會需要強光的照射。

珊瑚礁海水缸

對許多海水缸玩家而言，他們培養海水缸的終極目標就是架設有著大量珊瑚及藻類的珊瑚礁海水缸。這種海水缸中通常魚類數量稀少，將主要重點放在無脊椎生物上。珊瑚礁海水缸的裝飾通常最好使用凝灰岩為底，上面再放上活石；或者也可以將玻璃隔板以矽利康膠黏在水缸底部，再將活石放置在上面。這個方法更具有優勢，不讓凝灰岩和海底石佔據寶貴的水中空間。

　　購買活石時，要確定它在加入成熟海水缸之前有被好好對待；尚未康復的活石會釋出高濃度的有毒氨。

一旦岩石建立好，就能開始生長極具吸引力的藻類、珊瑚及海綿動物。珊瑚礁海水缸最適合使用金屬鹵素燈照明，能為許多珊瑚與其他無脊椎動物成長所需的蟲黃藻提供正確的光度與燈光波長（詳見第 39 頁）。

　　珊瑚礁海水缸水質必須維持高標準；幸運的是，一旦海水缸順利建立後，活石就有能力還原海水缸中的硝酸鹽。硬珊瑚不僅需要正確的燈照與良好水質，合適馬達製造的強力水流也能對牠們有所益處。除此之外，馬達生成的水流也能洗淨珊瑚表面碎屑，並防止牠們腐化。

下圖：在現代珊瑚礁海水缸中，重心通常擺在珊瑚生長上，而非魚群數量。

因為維持珊瑚礁海水缸所需的設備數量眾多，最好使用底缸系統來幫忙將蛋白除沫器、加溫裝置、過濾器和再循環泵浦設置在缸外。唯一需要設置於缸內的設備是能製造強力水流的馬達，很容易就能在岩石堆中隱藏起來。

不建議珊瑚礁水缸的水量少於 450 公升，尤其是對缺乏經驗的愛好者而言；因為小型海水缸規模難以維持硬珊瑚所需的嚴格水質要求。

上圖：一個成功的海水缸能讓各種棲息生物在缸內建立自己的領域。這代表著飼主需要為牠們準備許多安全的棲息地。

餵養海水魚

對養殖動物而言，最理想的飲食通常就是牠們在自然界中吃的食物，因此我們不該驚訝大部分海水魚最適合吃的食物就是魚！這項規則的例外就是草食性魚類，或是那些嘴巴較小的魚類，這代表牠們是以浮游生物一類的微生物為食。

　　魚頭或魚鼻形狀是找出牠們如何捕獲食物的好線索。比方說，蝴蝶魚通常有著拉長的鼻型，適合從珊瑚礁縫隙中取出食物；鸚哥魚有強壯的牙齒，能夠在尋找食物時把珊瑚咬碎；

石斑魚和獅子魚可怖的下顎明顯是為了捕獲大量食物而設計。鴛鴦魚和鰕虎的嘴巴位於頭的最前端，身體兩側平滑的表面讓嘴巴能有效率地深入充滿食物的底沙。

餵食規律

其他需要考量的是什麼時候及多久餵一次魚兒；再次強調，觀察自然界的規律能幫助飼主了解情形。嘴巴大的掠食性魚類可能一開始就會狼吞虎嚥，之後禁食幾個小時；草食性魚類

冷凍食物

完整扇貝肉
這種天然食物可餵食給所有海水魚類。

海洋生物混合物
混合了幾種天然海洋無脊椎生物與魚肉。

磷蝦
含有豐富營養的大型魚類飼料，可以撕碎餵食給小型魚類。

小魚
這些小魚是最適合大型魚類「一口吞下」的食物。

蝦肉
許多野外捕獲的食物都經過紫外線消毒以摧毀疾病病原體。

上圖：冷凍食物通常會整片販售（只需依餵食需求將其剝成小塊），或是一小塊一小塊包裝，方便「推出」的食用方塊。在使用冷凍食物前要先解凍，以免魚類吃到冰塊。

海藻過濾器

魚類	簡單	開始餵食後就簡單	困難	困難，需要活飼料
神仙魚		●	●	
鱸魚	●			
鴛鴦魚	●	●		
蝴蝶魚	●	●	●	●
玫瑰魚		●		
鯰魚	●			
小丑魚	●	●		
雀鯛	●			
鰻魚	●			
單棘魨			●	
鰕虎	●			
後頜魚		●		
獅子魚		●		●
海馬			●	●
金鱗魚		●		●
刺尾鯛	●			
吊尾魚	●			
砲彈魚		●		
隆頭魚	●			

某些魚類餵食難易度不一，是根據不同種類而定。

則是只要還有日光，就會持續活動狀態。然而，海水缸中的大部分魚類都能習慣一天接受規律餵食一到兩次。同時也不要忽視夜行性動物的需求，應該在海水缸滅燈後間隔一段時間再餵食牠們。

為了保持平衡，會建議海水缸飼主餵食少量食物，不要每次魚一出現在玻璃前，表現出需要食物的行為就餵食。你很快就能知道自己餵食的數量夠不夠，因為魚類會在幾分鐘內就把食物吃完，不留下殘渣污染海水。

餵食海水缸中魚類以外的生物可能需要特殊技巧。比方說，在投餵海水缸中以過濾器餵食的無脊椎生物時，最好先暫時關掉過濾系統，這樣過濾器才不會在無脊椎動物進食前就把食物帶走。

餵養海水魚

所有海水魚類的食物都應該經過某種形式的處理。除非食物來源經過仔細檢驗，否則提供活物作為食物有可能會為海水缸帶入病原體。有個學派相信提供金魚這樣的活魚給更大型、更具侵略性的海水魚作為食物，可能會讓海水生物「學習」到對其他缸內小型同伴展現侵略性行為。

既然最理想的食物是以海水生物為主，你可以在水族商店中發現許多冷凍魚類或貝類食物。這些大概都經過伽馬射線處理過，以避免將疾病帶入缸中。也可以採用冷凍乾燥的方式，將海水動物保存起來日後使用，這樣的食物在市面上也能買到。

魚飼料製造商做了許多調查，將適合海水魚類吃的飼料以不同外型呈現：薄片飼料、錠片飼料、顆粒飼料，甚至是棒狀飼料。這些飼料可能看起來昂貴，卻不值得一次大量購買；尤其當你只有一個海水缸時。只要裝飼料的容器被打開，飼料品質（及重要的維他命含量）就會逐漸腐化，也就無法將製造商放入的養分提供給魚類。

餵養草食海水魚類

處理草食生物的需求沒有你想像中的困難。如果光照夠強烈，健康成長的藻類很快就會爬滿海水缸中的玻璃牆面與裝飾，草食魚類會高興地啃食這些藻類；或是將岩石輪流放到另一個沐浴於充足陽光下的海水缸養殖藻類，裡面使用主海水缸換水後替換下來的廢水。將每一顆「綠意盎然」的岩石輪流放回海水缸中，再將「藻類被吃光」的岩石替換到養殖缸內。這樣應該就能確保草食魚類有穩定的蔬菜食物來源。

如果你需要更多蔬菜的話，可以提供豆類、菠菜、燙過或稍微有損傷的生菜葉片。將菜葉夾在磁力海藻刮除器中間，以防菜葉隨著水流在海水缸中到處漂流。

右圖：雷達（Nemateleotris decora）是在水缸中層進食的魚，在食物於水中緩緩落下時攝食毫無困難。圖片中的牠正要「捕捉」解凍後的蝦碎片。

薄片及顆粒飼料

薄片飼料能緩慢沉入水中，適合大部分
水缸中層及上層生物。

混合薄片

豐年蝦薄片

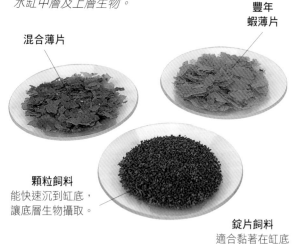

顆粒飼料
能快速沉到缸底，
讓底層生物攝取。

錠片飼料
適合黏著在缸底
玻璃上。

上圖：為了避免綠色蔬菜卡在過
濾器進水口，利用吸盤和夾子將
之固定在海水缸壁上。

冷凍乾飼料

以新鮮的自然食物為基礎，許多
冷凍乾飼料都能黏著在內缸玻璃
的任何位置。

冷凍乾磷蝦

冷凍乾河蝦

**冷凍
乾豐年蝦**

定期保養

一旦海水缸設置完成、開始運轉，定期保養所需的時間就相對變短，但你仍可以享受其中。

定期檢查

你應該定期進行以下幾項檢查。首先，最重要的是每日水溫檢查，同時數數海水缸生物的「人頭數」。最好在餵食期間檢查魚群數量，這時候最容易見到牠們；但無脊椎生物可能會有點困難。一段時間後，你會培養出能察覺正常與不正常情況的眼力，能以直覺判斷動物有沒有失蹤。以最快速度確認牠們的位置，將死亡的魚類立刻移出。若有任何動物死亡，死因應該都不可能是老死；你必須試著找出原因，並實施對應的解決辦法。海水生物與無脊椎動物通常對各種干擾和其造成的壓力很敏感，所以儘量用眼睛觀察，不要用手進去搜尋。有些生物還會跳躍，因此如果有動物不在海水缸中，可以看看地板上有沒有其蹤跡；尤其是當海水缸沒有蓋子遮蓋時。

當海水缸逐漸運轉成熟，缸中生物也會安定下來，回歸自然行動模式。如果你常花時間觀察動物的日常行動，很快就能發現任何可能會引發問題的異常舉動。

在完全成熟的海水缸中，你應該每週定期檢查酸鹼值，確保酸鹼值一

測試氨、硝酸鹽和亞硝酸鹽

測試水質的過程包括在測試樣本中加入化學物質，並將顏色變化比較對照表的數值。有些測試需要在不同階段加入兩到三種化學物質。在添加試劑之間需要等待一段時間。在使用化學試劑時要戴上保護手套，因為藥劑可能會造成皮膚搔癢。

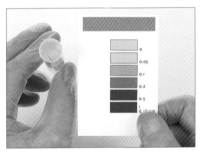

上圖：任何證明亞硝酸鹽存在的結果至少都代表細菌在進行轉換作用。但就像氨一樣，亞硝酸鹽仍十分具有毒性，我們要看到含量數據顯示為零。

直穩定在 8.3 左右，不能更高，也不該低於 8.1。如果數值開始降低，就加入緩衝物質（詳見第 33 頁）來調整。這個情況可能也需要更換海水，尤其當調整水質後，酸鹼值還不停下降時更為需要。每週固定以虹吸方式將底沙中的碎屑移除，能幫助避免水質狀況惡化，尤其是酸鹼值的降低。這種碎屑大部分都是有機的，因此在分解時會釋放二氧化碳到水中，而影響海水的緩衝作用。

定期每週測試比重數據，以及每兩週測試氨和亞硝酸鹽含量。最好也固定每週測試硝酸鹽及磷酸鹽含量。比起許多無脊椎動物，魚類通常更能忍受硝酸鹽。有經驗的海水缸玩家會建議 40 毫克／公升（mg/litre）的硝酸鹽含量是可接受的上限。但是最好不要妥協，試著將硝酸鹽含量維持在 5 毫克／公升以下。

定期替換部分海水非常重要；但不要一次替換太多量，可能會造成環境狀況突然變化，而造成動物的壓力。每週大概可以置換 10% 的水量，雖然每天替換少量海水更有效，對飼主來說卻不一定方便。之前已經討論過，海水缸中已有生物入住後，就不能直接在缸內直接混合新海水。有時候也可能因為缸水蒸發而需要補充海水。因為只有水分會蒸發、鹽分會留下，因此只能添加淡水。在這種情況下，記得使用所能取得最好水質的淡水。

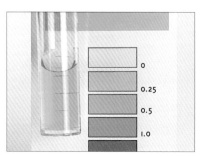

上圖：在測試氨含量時，目標是要讀到其含量為零；並且要等到這個數值穩定維持最低數值一陣子為止，才能安全將魚類放進海水缸中。請定期測試水質。

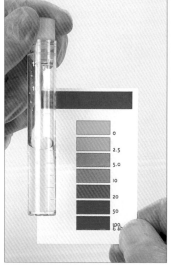

左圖：因為混合海水內原本就有少許硝酸鹽，數值可能會偏高。雖然某些物種能忍受硝酸鹽，海水缸含量不應該超過 10 毫克／公升。圖中的數值非常低。

定期保養

有時候，海水缸也可能發生意外。如果加溫器故障造成水溫急劇下降，可以將裝著熱水的寶特瓶漂浮在海水缸中，同時注意排出少量海水，不要讓水溢出水缸。如果你有琺瑯平底鍋，也可以加熱一些海水，再緩慢而謹慎地倒回海水缸中。同時儘快修理加溫器或買新的取代；後者通常是較為可能發生的反應。

另一方面，若是你的加溫器調溫鈕卡在「開」的位置上，讓溫度升高，要立刻把電源拔掉，並增加通風。與前段所述方法相反，你可以用寶特瓶裝冰塊，慢慢讓海水降溫。

若是你的電力裝置故障，例如停電，容量大的水缸水體可以作為保溫箱，過一陣子後才開始降溫。若是停電要過一陣子才能恢復供電，可以使用隔熱材質來幫忙延遲水缸降溫。如果你有其他方法加熱海水，也可以使用前述的寶特瓶。維持過濾器運轉及保持額外通風特別重要。如果硝化細菌在缺乏充氧海水情況下全部死亡，將會面臨致命氨廢棄物堆積於缸內的風險。在這種情況下，可以投資購買以一、兩顆電池發電的空氣泵浦，用來同時維持海水流動和過濾器運轉，直到電力恢復。

你也可以考慮設備的備用系統。為了避免加溫器控制鈕卡住的災難，你可以從電源連結另一個控制鈕；將第二個控制鈕的溫度調到比第一個高幾度，如果主要控制鈕卡住，第二個將會自動關掉加溫器。你也可以選擇安裝兩個裝置；即使其中一個故障，也能避免溫度下降。另一層保障是安裝以電池發電的警鈴，在停電時發出警示。

磷酸鹽測試

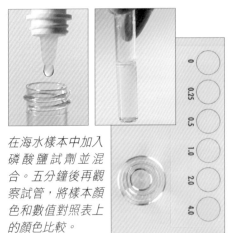

在海水樣本中加入磷酸鹽試劑並混合。五分鐘後再觀察試管，將樣本顏色和數值對照表上的顏色比較。

保持樂觀態度

最後，記得不要把定期檢查視為能免則免的雜事。許多檢查應該是在提供水缸生物應得的照護與關注同時，也能讓你樂在其中的任務。它們將會以最棒的方式回報你——也就是兼具娛樂與教育功能、明豔美麗的生物景觀。身為海水缸玩家，這就是你的獎勵。

維持健康海水缸的實用訣竅

選擇購買健康生物，並隔離所有新加入的生物。在運輸及之後的處理過程中避免給魚群壓力。

要記得不同生物的進食習慣、牠們與同類或其他生物的相容性，以及牠們成長後的體型大小。

儘早移除未被吃掉的食物，並逐步讓魚群適應新食物。

學習如何分辨即將產生的水質問題：海水起泡、呈霧狀、顏色變黃或發出臭味都是水質惡化的徵兆。

保持水缸玻璃乾淨。鹽水水波會讓玻璃變得灰暗，會阻擋光照完整進入水中。

改變水質時要緩慢進行。馬達或其他有引擎的設備可能會因為水平面降低，暴露在半空中，變得乾燥。在換水時需將開關關閉，但之後要記得再次打開！

不要忽略定期更換海水的重要性。每個月更換 20 至 25% 海水是大致方向；無脊椎生物缸可能需要更頻繁地更換海水。

檢查過濾器的水流率是否保持高速。清理外置物理性過濾器並頻繁更換（或清洗後再使用）濾材及活性碳；有需要的話，一週清洗一次。使用海水缸海水來清洗濾材，以避免毀掉細菌棲息地。將分離的開關閥連接到過濾器水管上，減少清理時海水溢出的風險。

在清理過外置過濾器後，確保水管與過濾器泵浦緊密連結，否則在過濾時會輕易流失缸中海水！

使用非金屬的刮除器移除前側玻璃上的藻類；尼龍或塑膠刷就很有效。刮除的海藻能拿來餵食海藻較少的水缸內草食性動物。需減少大型藻類過度繁殖，因為「藻類大量死亡」可能會造成污染。

使用藥劑治療魚類疾病時，按照製造商的建議使用方式使用。大部分治療劑設計用於加入整個海水缸中，但記得使用含銅藥劑時，會殺死海水缸中大部分無脊椎生物（這也就是很難在水缸中一起養殖魚類和無脊椎生物的原因，較為實際的養殖比例應該是 80% 的無脊椎生物與 20% 甚至更少的魚類）。不要混合藥劑使用，並在施藥後消毒所有設備；也不要在兩個海水缸間共用撈網。

用淡水補充因蒸發而流失的水缸海水。

魚類健康照護

即使假設魚兒在成為你的寵物時處於最佳狀況，也不得不承認你會在某個時刻得面對海水缸中爆發的疾病。

觀察與學習

要習慣從可見狀況中學習。當你能認識每隻魚的正常習性後，很快就能發現牠們的不正常；像是游泳姿勢怪異、情緒不穩及躲藏。看到魚類的凹陷側臉（尤其是新加入的魚）時，應該起疑並持續觀察。

　　要記得有許多海水魚類，如雜色尖嘴魚，游泳時魚鰭是收起垂下的；而有些魚類甚至還缺少部份魚鰭！

首要任務

在處理魚類疾病時，你不僅應該辨別病狀，也該找出染病原因。記得先確認海水缸狀況（尤其是水質各種數值），並注意海水缸衛生、最小容納程度，並隔離所有新進生物。這樣一來，就能很大程度地確保海水缸生物遠離壓力與疾病。

含銅藥劑

若海水缸中有無脊椎生物，是不可能治療魚類的。雖然魚類對含銅藥劑反應良好，無脊椎生物卻完全無法接受，會因此而死亡。

治療缸

使用分離治療缸的其中一個原因是因為有些藥劑會影響硝化細菌；因此在治療完成後，需要時間「重新養成」主要海水缸。若你使用碳過濾，也有另一個問題產生：碳會移除海水中的藥劑。因此在施放藥劑前，請務必先取出過濾器中的碳。

設置隔離缸

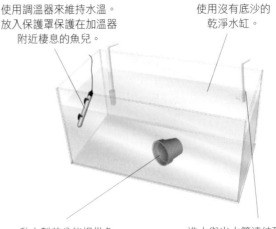

使用調溫器來維持水溫。放入保護罩保護在加溫器附近棲息的魚兒。

使用沒有底沙的乾淨水缸。

黏土製花盆能提供魚類棲息地和安全感。

進水與出水管連結到外置過濾器上以維持水質。

人道處置魚類

在養魚生涯的某個時刻，你會發現有不得不因疾病或老化而丟棄魚類的時刻。如果生病的魚類已經無可挽救，最好以人道方式處置魚類。如果你能自己處理，最快的方式是以銳利的刀插入魚類頭部後方的脊髓。你也可以向獸醫師或藥師購買魚類麻醉劑 MS222，將病魚放在這種溶液中靜置數小時。絕對不要將魚沖入馬桶中、丟到地上或是將活魚放入冷凍庫中。冷凍過程會影響皮膚底下的微血管，讓魚類在失去意識前感受到巨大疼痛。

右圖：精確使用劑量非常重要，因此要是能知道你的海水缸水量有多少會有益於治療。先將藥劑與少量缸內水混合，再加入需要治療的水缸中。不要在第一次藥劑沒有效用後就馬上加入另一個藥劑，因為混合藥劑可能會產生毒性。

許多普通問題都很容易發現，徵狀明顯且通常體現於魚體表面，像是小顆白色斑點等；這些能以市面上販賣的藥劑成功治療。魚類體內失調疾病則沒那麼明顯，外部徵狀可能要等到疾病惡化到無法治療時才會出現。這類疾病更難處理，通常最後會失去病魚。有些療法並非世界各地都能使用，因為各國有不同的藥物販售規定。

謹慎治療

有系統地為魚類進行治療，必要時也需要做筆記。在採取某個療法前要對自己的診斷有信心。在緊急狀況下，

有些寄生蟲疾病能以簡單的淡水浸泡處理。聽起來有點矛盾，但浸泡淡水數分鐘能讓海水魚放鬆（若魚兒顯得不適，則減少浸泡時間）。

你很有可能無法馬上做出正確的診斷，因為同樣徵狀可能會有不同的解釋。舉例來說，魚類呼吸困難可能完全不是因為寄生蟲的關係，而只是因為水中氧氣對牠們而言不足（因此先檢查水質這個步驟很重要）。然而，要是魚類的魚鰓真的佈滿寄生蟲，也會減弱牠們吸取水中氧氣的效率，讓牠們的呼吸變得急促而喘息不止。

魚類健康照護

偵測與處理健康問題

症狀	原因	處理方法
皮膚上有不透明斑點	斜管蟲	有宿主的話，抗寄生蟲藥劑才有效；無生物的海水缸在五天後應該就會乾淨
三角形斑點	貝尼登吸蟲	使用專用藥劑治療；小心放入淡水浸泡
白點、在岩石上磨擦魚體	海淡水性白點蟲	若缸中有無脊椎生物，將病魚移到另一個水缸中，使用含銅藥劑治療
灰塵、絨毛狀斑點；摩擦魚體；魚鰓充血；呼吸受到影響。	卵圓鞭毛蟲	使用專用藥劑治療，但若缸中有無脊椎生物，避免使用含銅藥劑治療
體型削瘦，但進食正常	類魚孢菌或魚類結核病	沒有有效療法；抗生素可能有幫助；將病魚隔離
雙眼突出	眼球突出	沒有一定療法，但魚類通常不會因此病而產生壓力
魚鰭破碎，拖帶廢棄組織	「魚鰭腐爛」，細菌感染；通常是間接感染	使用含銅藥劑治療；若缸中有無脊椎生物，則移到另一個水缸中進行；改善水質狀況
魚鰓張開、充血	鰓蟲、指環蟲感染	短暫浸泡福馬林消毒

症狀	原因	處理方法
長出棉絮狀物	水黴菌	馬上替換部分海水；短暫浸泡淡水並進行抗生素治療；改善水質狀況
長出「花椰菜」狀囊腫	淋巴囊腫	魚類不是日漸消瘦而死就是完全康復
黏稠排泄物	腹瀉；飲食不良	提高海水缸溫度幾度；讓魚禁食兩天後再餵食粗糧飼料
腫脹	細菌感染；嚴重情況下，還會水腫	若缸中有無脊椎生物，將病魚移到另一個水缸中，使用含銅藥劑治療
傷口	身體受傷；處理過程不慎；受到欺負；弧菌造成潰傷	使用一般抗菌藥劑治療；傷口部位以棉花棒擦拭藥物；諮詢獸醫
急促呼吸加上四處猛衝和雙眼無神	中毒	馬上替換部分海水；需要的話之後更換全部海水
魚鰓無法閉合	鰓蟲感染（見「魚鰓」一欄）	短暫浸泡福馬林消毒
倦怠	和幾種不同症狀有關	診斷病況並因應處理
失去平衡，無法在水中維持姿勢	魚鰾失調症	將魚隔離到較為溫暖的水中，試著餵食摻入藥物的飼料

繁殖海水魚類

繁殖圈養魚類的技術仍在發展中。然而已經有超過一百種魚類曾在海水缸中繁殖成功，部分魚類也在水族商店中販售。成功繁殖及培養魚類對任何海水飼主而言都是終極成就，這樣的成果對海水生物養殖與保育的未來而言，都十分重要。從這種經驗中獲得的知識能夠及時幫助降低對野外捕獲動物與自然棲息地保育的破壞；同樣地，這種知識也能用來教導其他正在為水族養殖嗜好收集資料的人在魚類原生國家設立養殖站，要是海水玩家對野生族群的需求逐漸消弭，也可作為另一種賺錢方式。已經有人測試過許多繁殖與培養海水生物的方法，但對大部分生物而言，還有許多實驗需要進行。

小丑魚——產卵魚類

小丑魚是海水缸中最受歡迎的魚類，雖然不是最難養的，卻是最可能在家中海水缸內繁殖。最常見的小丑魚，也就是眼斑雙鋸魚，從 1950 年代起就一直被圈養繁殖了一代又一代，並以其迷人的繁殖行為迷倒了包括海水缸新手在內的所有飼主。

右圖：一對常見的小丑魚（眼斑雙鋸魚）守護著牠們在略顯空曠的水缸中產下的魚卵。在野外，他們會清理一塊平坦的石頭，並在上面產卵。

小丑魚繁殖水缸

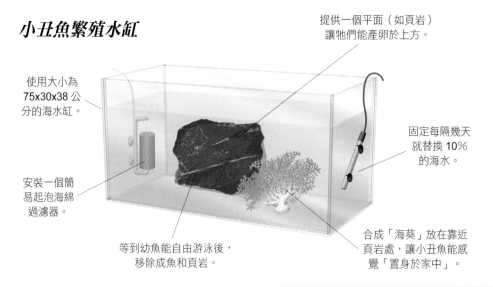

提供一個平面（如頁岩）讓牠們能產卵於上方。

使用大小為 75x30x38 公分的海水缸。

固定每隔幾天就替換 10% 的海水。

安裝一個簡易起泡海綿過濾器。

等到幼魚能自由游泳後，移除成魚和頁岩。

合成「海葵」放在靠近頁岩處，讓小丑魚能感覺「置身於家中」。

泗水玫瑰——口孵魚類

近代有種天竺鯛引起了許多人的興趣——別稱帝王之魚、泗水、玫瑰魚,也就是泗水玫瑰。這種魚類的分布非常受侷限,只有在蘇拉威西沿岸的泗水島附近幾個海域才有蹤跡。也因為其分布有限,有人擔心因為海水飼養嗜好而進行捕捉會影響牠們的野生族群,因此值得我們圈養繁殖這種魚類。幸運的是,牠們在海水缸中能夠穩定繁殖;希望在不久的未來,販售的泗水玫瑰都是來自於養殖場繁殖。

上圖:公魚會以口孵方式孵化受精卵。一旦孵化後,能自由游動的幼魚會食用新孵化的豐年蝦做為第一口食物。

第二部

魚隻簡介序言

雖然地表有四分之三面積被海水覆蓋，適合被飼養在魚缸的品種並不多，其中大部分又屬熱帶品種。即使種類有限，牠們的風采已足夠讓海水飼養蓬勃發展並持續吸引世界各地的愛好者。

最漂亮的海水熱帶魚多棲息於採集容易的珊瑚礁與沿岸；深海魚種體型太大，不適合魚缸飼養，魚隻的採集與運輸也較為困難。適合海水缸養殖的魚隻絕大多數來自印度–太平洋海域、北大西洋的加勒比海海域以及紅海。

熱帶珊瑚礁的海水水質穩定，得益於海洋的自清功能，此區海水含氧量高、幾乎完全不受污染。由於水深相對淺，這裡的魚隻習慣高光照，海水缸複製高光環境帶來的一大好處是容易滋養出淡水缸愛好者避之唯恐不及的綠色藻類，這些藻類深受在野生環境以它們為食的草食性海水魚歡迎。

珊瑚礁魚類具強烈領域性。每隻魚在自然環境的「生活空間」都比一般室內魚缸要大得多，想要在魚缸中成群飼養難度很高，因為同種魚無法忍受彼此，不過異種魚間倒鮮少將彼此視為威脅。

飼養海水魚將面臨以下挑戰：須維持水質乾淨而穩定、提供魚隻足夠的空間、挑選能和平共處的魚種。一旦完成上述挑戰，你就可以舒服地坐在椅子上欣賞這些美妙的「海中活寶石」。

小丑魚與雀鯛

這兩類屬於雀鯛科下的魚最常被海水魚愛好者當做開設新缸的試水魚，原因很簡單：牠們生命力強、價格便宜、容易購買。相較於其他敏感魚種，強韌的生命力讓雀鯛能承受新缸的不穩定，但這並不意味飼養者可以省略應有的設缸流程。

雀鯛科包含截然不同的兩大類，[1] 兩類雀鯛的共通特色是飼養者必須在魚缸中滿足牠們對安全感的需求，一類為小丑魚，如其英文名 Anemonefish 所示，牠們以海葵（Anemone）觸手間為家；其餘雀鯛屬另一類，喜歡穿梭於珊瑚的分枝間。兩類魚的泳姿不同，小丑魚游起來搖頭擺尾；其餘雀鯛的游泳方式偏向快速而小幅上下抖動。

照顧雀鯛科魚隻非常簡單，牠們不挑嘴，接受大部分的食物，不大攻擊同缸其他魚種，不過小丑魚以外的雀鯛有可能同種互打，須提供足夠空間來滿足牠們的領域性。有數款雀鯛能在人工環境下繁殖，牠們在魚缸中的護卵行為與淡水慈鯛十分相似。

1　譯註：Pomacentridae 是學術上的雀鯛科，共包含二十九個屬別。英文用語把 Pomacentridae 劃分為 Anemonefishes（小丑魚）與 Damselfishes（小丑魚以外的雀鯛），惟此非基於學術分類，前者在分類學上包含 Amphiprion 與 Premnas 兩個屬別，後者包含除上述兩屬別外的其餘二十七個屬別。

上圖：透紅小丑（棘頰海葵
魚 *Premnas biaculeatus*）
是小丑魚中體型最大的，
但牠仍常躲在海葵觸手間
尋求安全感。

黑邊公子小丑（眼斑海葵魚 *Amphiprion percula*）

對大部分人而言，提到小丑魚想到的就是黑邊公子小丑。小丑魚的體表黏液可讓海葵刺細胞停止運作，故小丑魚能悠遊在海葵觸手間，當小丑魚被掠食者追逐時，常躲進海葵來逃出生天，因為其他掠食者不具備海葵免疫力。有些人認為海葵成為小丑魚避難所換得的好處，是能「意外獲得」小丑魚吃剩的食物碎屑（這究竟是有意還是無意的行為呢），雖兩者間的關係可被視為共生（Symbiosis），但海葵與小丑魚的關係並非絕對「有給就有得」，牠們的關係其實更傾向片利共生（Commensalism）[2]。

巴布亞
新幾內亞

所羅門
群島

大堡礁

▶ 產地

黑邊公子小丑是該屬別裡分布得前幾廣的品種，範圍從巴布亞新幾內亞到所羅門群島及澳洲大堡礁。

黑邊公子小丑與公子小丑（*A. ocellaris*）身體有著幾乎相同的表現，不過黑邊公子小丑的邊緣黑色較寬，藉此分辨兩者就容易多了。

▶ 繁殖

產卵在堅硬的表面，例如附近礁石上，親魚會看護至魚卵孵化。人工繁殖的黑邊公子小丑很好買，這也紓解該品種遭撈捕野採的壓力。

2　譯註：共生分為互利共生（Mutualism）、片利共生及寄生（Parasitism）。作者強調海葵不見得都能獲得小丑魚吃剩的食物做為回報，因而不認為牠們的關係是互利共生。國內一般看法認為兩者為互利共生關係，與本書作者看法不同。

體長：11 公分，母魚通常較大。

小丑魚與海葵

購買小丑魚時，一併購買牠已經居住的海葵是聰明的選擇；若分開來購買可能發生小丑魚與海葵品種不合的問題。一般來說，*Entacmaea* 屬與 *Macrodactyla* 屬的海葵廣泛為小丑魚所接受。[3]

▶ **飼養資料**

適合飼養量：一缸兩到三隻，加上適合的海葵
混養或單種：混養
游動範圍：中層與下層
食性：皆可，包含風乾食物與冷凍活餌，加上一些蔬菜
相容性：性情平和
流通度：常態性出現（人工繁殖與野採個體皆有）
人工繁殖：可行

3　譯註：國內常見的 *Entacmaea* 屬如奶嘴海葵（*E. quadricolor*）、*Macrodactyla* 屬如斑馬海葵（*M. doreensis*）。

印度紅小丑（大眼海葵魚 Amphiprion ephippium）

這款又名為紅蕃茄小丑的魚種，體型略大於黑邊公子小丑魚。橘紅色身體上缺乏其他小丑有的縱向白條，上頭僅一個深褐色橢圓形色塊，佔據魚隻中後段三分之二面積，所有的鰭都是橘紅色。據稱幼魚眼睛後方有條由上往下的白色縱向細條，這白色條紋隨魚隻成熟將慢慢消失。

相容性

適合跟海葵一起飼養。印度紅小丑十分貪吃，有時會對進入地盤的魚隻展現出攻擊性。

笨拙的泳姿

小丑魚之所以被稱為小丑就是因為牠們搖頭擺尾的游泳方式，一些文獻甚至以「小丑海葵魚」稱呼牠們。

覆蓋於皮膚的黏液成分可讓海葵觸手的刺細胞「熄火」，小丑魚因而對海葵免疫。

體長：14 公分

▶ 產地

安達曼 -
尼科巴群島、
馬來西亞與爪哇。

安達曼 - 尼科巴群島

馬來西亞

爪哇

▶ 飼養資料

適合飼養量： 一缸兩到三隻，
加上適合的海葵
混養或單養： 混養
游動範圍： 中層與下層
食性： 皆可，包含風乾食物與
冷凍活餌，加上一些蔬菜
相容性： 性情平和
流通度： 常態性出現（野生採
集個體）
人工繁殖： 無相關訊息

玫瑰小丑

（白背海葵魚 *Amphiprion nigripes*）

牠跟印度紅小丑、紅小丑（白條海葵魚 *A. frenatus* ）外表相似，不過玫瑰小丑顏色較淺，呈淡金棕色，頭部後方有一白色線條。英文俗名 *Black-footed clownfish*（黑足小丑）就是形容牠的黑色腹鰭，不過臀鰭並不一定是黑色。玫瑰小丑多被發現於印度洋的馬爾地夫群島，體長可達 8 公分。在野外牠們以浮游生物及甲殼類為食，切得很碎的魚肉亦十分理想。雖然很貪吃，但玫瑰小丑魚性情十分害羞，最好能與其他小丑魚一同混養，也是跟無脊椎動物混養的好選擇。

上圖： 玫瑰小丑的顏色不似其他小丑魚那般鮮豔，跟粉紅小丑（粉紅海葵魚 *A. perideraion*）同屬於顏色較淡的小丑魚。

93

粉紅小丑（粉紅海葵魚 Amphiprion perideraion）

一如牠的英文俗名 Pink skunk（粉紅臭鼬）[4]，這款小丑魚顏色較淡，不像前面提到的小丑魚那般色彩亮眼。鰓蓋後方有一條白色縱向窄線，另一條白線從頭頂沿魚背上緣延伸至尾柄處，胸鰭、腹鰭與臀鰭顏色和身體相同，背鰭及尾鰭則幾近無色，僅帶點微黃。銀線小丑（A. akallopisos）顏色與之雷同，但缺少鰓蓋後方縱向白線。

常可在公主海葵（Heteractis magnifica）的觸手間找到野生粉紅小丑的身影。

性別轉換

性別轉換是小丑魚屬的知名特徵，所有魚隻成熟後都先是公魚，只有掌握領導地位時，才會變性成為母魚。

▶ 產地

西起泰國，東至薩摩亞，北起日本南部，南至大堡礁及新喀里多尼亞。

日本

薩摩亞

泰國

新喀里多尼亞

4　譯按：這類小丑因為沿著背部的白色線條跟臭鼬的紋路類似而得名。

體長：10 公分

飼養資料

適合飼養量： 一缸兩到三隻，加上適合的海葵
混養或單種： 混養
游動範圍： 中層與下層
食性： 皆可，包含風乾食物與冷凍活餌，加上一些蔬菜
相容性： 性情平和
流通度： 較少流通（野生採集個體）
人工繁殖： 無相關訊息

紅小丑

（*白條海葵魚 Amphiprion frenatus*）

紅小丑英文俗名又為 Fire clown（火小丑）和 Bridled clownfish（馬彎小丑）[5]，長相與印度紅小丑相似，前者在頭部後方有一白色線條（有時亞成魚的白色線條有兩條），身上的黑斑更大。有些專家認為紅小丑不過是印度紅小丑或三色小丑的（A. melanopus）的特殊表現，有的又冠上 A. polylepis 這個同種異名，不同的是，紅小丑棲息於太平洋，成體為 7.5 公分。非常貪吃，小型甲殼類、小型活餌、海藻、蔬菜底餌料等來者不拒。在空間有限的環境可能會攻擊其他魚種，但非常適合跟無脊椎動物混養。

下圖：成體紅小丑仍保留縱向白條紋。由於採集者未記下採集地資訊，或留意前人對魚隻的描述，導致幾款特徵相近的小丑魚在分類上被混淆。

5 譯按：馬彎小丑（Bridled clownfish）形容紅小丑臉上的白色紋路像是馬的彎頭。

透紅小丑（*棘頰海葵魚 Premnas biaculeatus*）

牠是體型前幾大的小丑魚。除體型外，可藉由面頰上每側各兩根、向後方的「頰刺」來辨認，頰刺位於眼睛正下方，這個特徵讓透紅小丑另外獲得棘頰小丑的稱呼。公魚身上的橘色與紅色更濃豔，三條垂直白帶縱貫魚身；母魚體型更接近最大體長，體色較深，幾近黑色，白帶不明顯，某些個體的甚至看不太出白帶。

　　一如所有野採的小丑魚，不成熟的採集處理與不良魚缸環境易造成透紅小丑緊迫；商業量產的個體較為強壯。

　　眾多海葵品種中，透紅小丑只喜歡棲息在奶嘴海葵上，不過在魚缸中透紅小丑對海葵的需求也不像其他小丑魚那麼強烈。

▶ **產地**

印尼西部，
北至台灣，
南至大堡礁的北端。

巨大的體型、深橘紅的體色、以及三條白帶讓透紅小丑非常容易被辨認出來。

▶ **飼養資料**

適合飼養量：一缸一隻
混養或單種：混養
游動範圍：中層與下層
食性：皆可，包含風乾食物與冷凍活餌，加上一些蔬菜
相容性：可能會欺負其他魚隻
流通度：偶爾出現（野生採集個體）
人工繁殖：可行

體長：17 公分，公魚多半較小

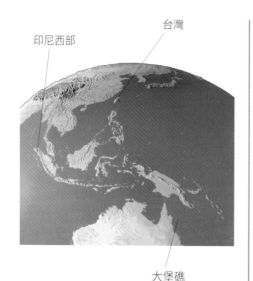

印尼西部

台灣

大堡礁

雙帶小丑

（克氏海葵魚 Amphiprion clarkii）

又名為帶狀小丑、克氏小丑，棲息於印度-太平洋，此品種依採集地不同，體色具高度歧異性，一般來說，身體主要為深棕色，腹部為黃色。除尾鰭顏色略淡，其餘各鰭皆呈鮮黃色。兩條末端收窄的白線將身體劃分成三塊，當尚為幼魚時身體尾段還有第三條白線。雙帶小丑可以長至 12 公分，以小型甲殼類、小型活餌、藻類與蔬菜底的餌料為食。性情非常平和，是混養缸的絕佳選擇。

上圖：雙帶小丑體色表現多樣，這增加魚種辨別的難度。個性大膽，多數情況都不太需要海葵，是混養缸的極佳選擇。

岩豆娘魚（*五線雀鯛 Abudefduf saxatilis*）

從熱帶海域的玻璃船底望出去，你一定會看到橢圓、銀白色魚體上有幾條垂直深色條紋彷彿軍階標誌的魚隻。以軍事術語來說，整片海都是牠們廣大的閱兵場，[6] 不過精確地講，牠們出現在大西洋或印度-太平洋的岩礁沿岸與珊瑚礁區域。英文統稱為 Sergeant major（士官長魚），這名字中其實包含不只一款魚，例如岩豆娘魚來自大西洋，條紋豆娘魚（*A. vaigiensis*）分布於紅海東岸至太平洋的豪勳爵島，平腹豆娘魚（*A. abdominalis*）僅生活在夏威夷群島。

　　豆娘魚屬的各款魚種體色相近，多一個或少兩個斑點的差異而已。身型讓人想到北美淡水的太陽魚（*Centrarchidae*），不過豆娘魚的尾柄短得多。這個屬別的魚隻領域性都很強。

飼養資料

適合飼養量：一缸一隻
混養或單種：混養
游動範圍：中層與下層
食性：所有餌料皆可
相容性：可能會欺負其他魚隻
流通度：時常出現（野生採集個體）
人工繁殖：無相關訊息

夠大的魚缸能滿足每隻豆娘魚的領域性，故可飼養多隻同種豆娘魚。

6　條紋豆娘魚的英文俗名為 Sergeant major，該名詞亦指軍隊中的一級士官長。

體長：15 公分

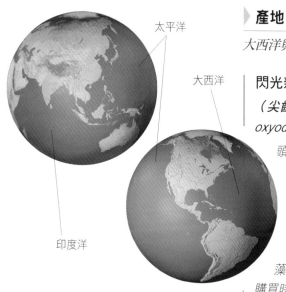

太平洋

大西洋

印度洋

▶ 產地

大西洋與印度 - 太平洋。

閃光新箭雀鯛

（**尖齒新刻齒雀鯛** *Neoglyphidodon oxyodon*）

頭部後方有一條垂直黃色條紋分隔了藍黑色魚體，臉上與魚身上半的藍色電光紋路隨年紀增長而變得黯淡。這隻漂亮但具有攻擊性的魚來自太平洋，適合跟無脊椎動物一起飼養。吃碎魚肉、藻類，成體可長至 13 公分。如果購買時未挑選到狀態極佳的個體，很容易發生魚隻適應不良的問題。

黃尾藍魔（*副刻齒雀鯛 Chrysiptera parasema*）

各種藍魔鬼魚（Demoiselles）常讓我們陷入鑑種的迷霧中，相似的外型、同樣亮藍的體色，卻是不同的屬別，這還沒算上他們的幼魚全身都是藍色呢！不過，黃尾藍魔末段為鮮黃色的表現是其他藍魔鬼魚所無，這讓這款魚的鑑種變得稍微簡單一點。

　　所有藍魔鬼魚都具有領域性，性格好鬥，空間不足或缺乏藏身處時會在缸中打架。把單隻新魚（無論是否跟舊魚同種）放進山頭已經被舊魚各自佔據的缸子中是自找麻煩，比較好的方法是一次放進一小群。另一個小技巧是放新魚前把缸內造景物重新排列擺放，讓每一隻都忙著重新選地盤而無暇打架。

搶眼的電光藍是幾款相似的藍魔鬼魚的共同特徵。

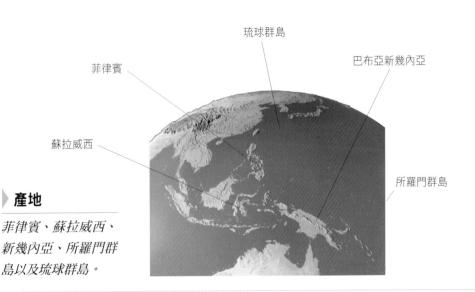

琉球群島

巴布亞新幾內亞

菲律賓

蘇拉威西

所羅門群島

▶ **產地**

菲律賓、蘇拉威西、新幾內亞、所羅門群島以及琉球群島。

體長：：7 公分

青雀

（藍綠光鰓雀鯛 *Chromis viridis*）

青雀是一款強壯、鮮豔的群居魚種，鱗片閃爍藍綠色光芒，尾鰭分叉的程度比其他藍魔鬼來得更大。屬群居性魚種，飼養隻數至少要六隻，若單隻飼養常會不知不覺就消失了。這款活潑而吸引人的魚種來自印度 - 太平洋以及紅海，可長至 10 公分，性情溫和，能與其他魚種或無脊椎動物混養。挑食，餵食可試試碎魚肉。

▶ **飼養資料**

適合飼養量：一缸兩隻到三隻（或者不同屬別的藍魔鬼每種兩到三隻）
混養或單種：混養
游動範圍：中層
食性：所有餌料皆可
相容性：具領域性、好鬥
流通度：偶爾出現（野生採集個體）
人工繁殖：無相關訊息

下圖：青雀漂亮而便宜，比大部分的魚種更能承受新設缸初期的不穩，是理想的試水魚。

三間雀（三帶圓雀鯛 *Dascyllus aruanus*）

沒看過這款名為 Humbug 薄荷糖的人，大概會對三間雀的被國外取名為 Humbug 一頭霧水。

　　三間雀高背而白色的身體被三條黑帶縱貫，三黑帶在厚厚的背鰭黑緣匯聚，腹鰭與臀鰭亦為黑色，胸鰭與尾鰭則是透明的。偶爾有人將四間雀（黑尾圓雀鯛 *D. melanurus*）與三間雀搞混，不過四間雀背鰭沒有黑緣，而且尾鰭有一區是黑色的。

　　藍魔鬼魚們聚集於大型珊瑚礁岩，能快速躲進珊瑚分枝間。受益於這些珊瑚庇護所，三間雀分布得很廣，從紅海東岸到豪勳爵島都有牠們的蹤跡。

▶ 飼養資料

適合飼養量：一缸兩隻到三隻（或者不同屬別的藍魔鬼每種兩到三隻）

混養或單種：混養

游動範圍：中層與上層

食性：所有餌料皆可

相容性：性情溫和

流通度：常態性出現（野生採集個體）

人工繁殖：無相關訊息

三點白（三斑圓雀鯛 *D. trimaculatus*）

在純黑色魚身上的三顆白斑讓人不禁聯想起香港天九牌，這是英文俗名冠上 Domino 的原因，兩側的背鰭下方都有一個白斑，第三顆白斑位於額頭正上方。不過前述體色只限於幼魚，成魚轉為煙燻般的灰色，白斑若不是完全消失就是變得很不明顯。三點白分布範圍與三間雀相似，人工飼養環境的條件也相同。

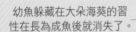

幼魚躲藏在大朵海葵的習性在長為成魚後就消失了。

體長：8 公分

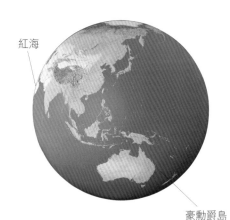

紅海

豪勳爵島

 產地

紅海以東到太平洋的豪勳爵島。

上圖：如同對待所有具攻擊性、領域性的魚種般，最好在所有魚都下缸後，最後才把四間雀放進缸中。

四間雀

（黑尾圓雀鯛 *Dascyllus melanurus*）

這隻魚跟三間雀很像，除了黑帶更為垂直外，另一個差別是四間雀的尾鰭末端多了一條黑帶，此為英文俗名 Black-tailed humbug 的由來。這是款群居魚種，分布自西太平洋的菲律賓與馬來西亞附近，可長至 7.5 公分。在魚缸內屬有攻擊性與領域性的魚種，同缸混養的「鄰居」必須有自我保護能力。四間雀是貪吃鬼，接受碎魚肉、人工乾餌料、冷凍糠蝦及豐年蝦。

海水神仙魚

海水神仙屬於蓋刺魚科（*Pomacanthidae*），包含許多顏色鮮豔的魚種，牠們體型差異極大，從小型魚到養在公共水族館才會感覺舒服自在的巨大魚種都有，例如刺尻屬（*Centropyge*）的魚適合家庭魚缸飼養，而蓋刺魚屬（*Pomacanthus*）就需要非常大的空間來飼養。有個明顯的表徵可用來辨認蓋刺魚科的魚，牠們鰓蓋後段有一根向後突出的硬棘。[1] 另一特徵是部分蓋刺魚科的魚隻在幼魚時的花紋、體色與其成體的截然不同。

　　許多海水神仙食性特殊，以致於常不適應家庭魚缸環境。在野外，部分海水神仙只吃海綿這類無法人工製造的食物，持續提供牠們所需的食物變成一大難題。

　　交配通常發生在傍晚，對魚在交配高潮釋放出漂浮的魚卵，不過在魚缸中幾乎沒有機會發生。

1　spine 為硬棘，學術用語，相對於軟鰭條 (soft fin rays)。

上圖：馬鞍神仙（*Pomacanthus navarchus*）一如其英文俗名 Majestic angelfish（宏偉神仙），只有幼魚期的體型方適合在家庭魚缸中飼養，此時牠全身為深藍色，配上幾條垂直白色條紋。

石美人（二色刺尻魚 *Centropyge bicolor*）

從牠的分布範圍就可以推論出這是一款常出現的魚種，石美人有非常特殊的配色，魚身前半與尾鰭是鮮黃色，其餘地方為品藍色，這讓辨識石美人變得非常容易。石美人與科科斯神仙（*C. joculator*）長相相似，差在前者的前額藍色為後者所無，此外，科科斯神仙的身體藍色區塊向前突出，呈子彈型狀，背鰭及臀鰭都有橘邊。因缺乏安全感，石美人喜歡待在有洞穴可藏身的礫石岩岸（rocky rubble）。

體色紋路跟大型的美國石美人（三色刺蝶魚 *Holacanthus tricolor*）相似，惟美國石美人眼睛上方缺乏深藍色塊。

金頭神仙（阿氏刺尻魚 *Centropyge argi*）

金頭神仙體型較為橢圓而修長，除頭部與胸鰭是鮮黃色外，其餘皆為品藍色。牠棲息於百慕達、佛州與迦勒比海的礫石岩岸與珊瑚礁，多以藻類為食，所以餵食上應提供一些蔬菜。

體長：15 公分

▶ 產地

西起馬來西亞，東至薩摩亞；北起日本，南至澳洲西北。

日本

馬來西亞

澳洲西北

薩摩亞

▶ 飼養資料

適合飼養量：一缸一隻，或是已經配好的一對

混養或單養：混養

游動範圍：中層與下層

食性：偏好某些蔬菜

相容性：性情平和

流通度：偶爾出現（野生採集個體）

人工繁殖：無相關訊息

藍閃電

（**雙棘刺尻魚** *Centropyge bispinosus*）

年幼個體頭部與身體周圍輪廓皆為深紫色，體側紅色區塊被紫色細條紋縱貫。成體可達 12 公分，體側金黃範圍擴大，仍有數條深色細紋縱貫，然而不同地方的個體表現差異大，例如菲律賓的個體身上紫色與紅色比澳洲水域的要多。只要能找到地方藏身，牠就能適應魚缸環境，通常不會攻擊無脊椎動物。偏草食，魚肉與多種蔬菜牠都接受。

上圖：此個體展現出典型的幼魚顏色；成魚顏色因產地不同而異。

藍眼黃新娘（黃刺尻魚 *Centropyge flavissimus*）

這款魚特別的顏色有時會讓人把牠跟牠的親戚黃新娘（海氏刺尻魚 *C. heraldi*）搞混，差別在後者的背鰭、尾鰭與魚隻嘴唇都缺少藍色輪廓；令人頭大的是，若藍眼黃新娘是採集自印度洋科科斯基林群島及聖誕島採集的個體，就一樣缺乏藍色輪廓了。分布區域重疊（同樣遠至復活節島）、同樣全身黃的黃倒吊（火紅刺尾鯛 *Acanthurus pyroferus*）也參一腳讓鑑種變得更為困難。最近研究發現黃眼黃新娘與黑尾仙（福氏刺尻魚 *C. vroliki*）或老虎新娘神仙（虎紋刺尻魚 *C. eibli*）都可以雜交產生混種。[2]

▶ 產地

西起科科斯基林群島與聖誕島，北起琉球群島、馬里亞納群島，南至拉帕島。在印度-澳洲水域則沒有發現蹤跡。

馬里亞納群島
琉球群島
拉帕島
聖誕島
科科斯基林群島

2　藍眼黃新娘與老虎新娘神仙產生的混種稱為 Tigerpyge Hybrid Angelfish，因為這兩種魚野生棲地重疊，在聖誕島與科科斯基林群島野生環境就已經發現了混種。

體長：14 公分

▶ 飼養資料

適合飼養量：一缸一隻，或是已經配好的一對
混養或單養：混養
游動範圍：中層與下層
食性：偏好某些蔬菜
相容性：性情平和
流通度：偶爾出現（野生採集個體）
人工繁殖：無相關訊息

上圖：神仙魚的表現炫麗奪目，但許多品種都超出適合一般魚缸飼養的大小，刺尻魚屬是少數適合家庭魚缸飼養的神仙魚。

下圖：如果你在尋找藍眼黃新娘的話，記得留意魚鰭上有沒有藍緣，否則你可能會找到完全不同的品種，例如刺尾鯛的幼魚。

黃新娘

（*海氏刺尻魚 Centropyge heraldi*）

黃新娘全身都是淡黃色，連藍眼黃新娘那一點點的藍色都沒有，採集於斐濟的個體背鰭有黑緣。在海水魚的世界中，全身都是同一顏色的魚隻非常少見，這讓來自於印度 - 太平洋的黃新娘變得很容易辨識，也成為熱門魚種。成體可長至 10 公分，性情平和，可與無脊椎動物混養。屬於草食性魚種，以植物為主食，但也接受肉類。

火焰神仙（胄刺尻魚 *Centropyge loriculus*）

魚身為亮橘色，垂直藍黑色的線條讓身體中間亮黃色區域對比起來更搶眼，背鰭、臀鰭鰭條拉出藍黑花紋的區域，尾鰭由橘紅轉黃。火焰神仙性情較為害羞，喜歡待在可讓牠們隨時躲藏的珊瑚附近。

飼養資料

適合飼養量：一缸一隻，或是已經配好的一對
混養或單養：混養
游動範圍：中層與下層
食性：偏好某些蔬菜
相容性：性情平和
流通度：偶爾出現（野生採集個體）
人工繁殖：無相關訊息

公魚比母魚來得大，魚隻一開始都是母魚，而後成熟的母魚會轉性成公魚。[3]

---

3 譯按：跟小丑魚先為公魚而後強勢者轉為母魚的情況剛好相反。

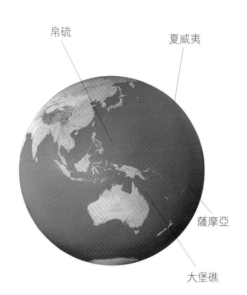

帛琉

夏威夷

薩摩亞

大堡礁

花豹神仙

（波式刺尻魚 Centropyge potteri）

花豹神仙不是容易養的魚種，牠對水質
非常挑剔而且食性會改變。在初期牠非
常挑嘴，必須使用活餌來讓牠開口，穩
定之後花豹神仙通常願意接受冷凍飼
料，切記要提供大量的藻類讓牠食用，
這是這款魚所需的重要成分。花豹神仙
性情平和，只要魚缸夠大，通常能成對
或小群飼養。只有在夏威夷群島發現牠
的蹤跡，成體可達 10 公分，體型恰好
介於小型神仙與大型神仙中間。

▶ **產地**

從位於菲律賓東方
的帛琉到薩摩亞以
及大堡礁，較少出
現在夏威夷附近。

上圖：刺尻魚屬棲息水深差異大，花豹神
仙多生活在水深十五公尺內。

皇后神仙（條紋蓋剌魚 *Pomacanthus imperator*）

這是最受海水魚愛好者歡迎的魚種了，而且牠非常好認，魚身被黃藍相間的斜線貫穿，魚吻處為灰色，眼睛藏在藍緣的深色眼帶中，面部的黃色被一條往下越過鰓蓋的黑色區域所斷。臀鰭為紫色，雜有橘色紋路；背鰭及尾鰭為黃色。據說印度洋的個體背鰭較圓，其他產地的較尖。上述華麗樣貌都是成魚才有，就像很多神仙魚親戚一般，皇后神仙幼魚跟成體是兩個模樣，幼魚時體色為深藍底，上面白色條紋略呈同心圓狀排列，非常特殊。

亞成魚多藏身在洞穴與珊瑚礁的岩壁暗處，成體則較為大膽，敢游在面海的珊瑚礁表面。

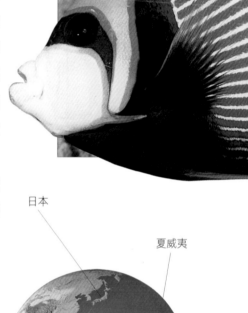

▶ **產地**

從紅海到夏威夷，從日本到大溪地

日本

夏威夷

紅海

大溪地

上圖：就像許多神仙魚的幼魚一般，皇后神仙幼魚跟成體的花紋表現大相逕庭。

體長：40 公分

藍環神仙

（*環紋蓋刺魚 Pomacanthus annularis*）

藍環神仙成體的藍色線條從眼睛一路橫越棕色魚體，直至魚身末段，在頂部重新匯聚，另有一明顯藍圈位於鰓蓋後方；亞成體為藍色，上有特殊的白色縱向直條。小時候跟長大後的明顯差異讓人不難理解為何藍環神仙的幼魚庾成體一度被認為是兩種魚。來自印度 - 太平洋的藍環神仙成體可達 40 公分，具有領域性，即使幼魚時期能與無脊椎動物混養，但隨著年紀牠將成為無脊椎動物破壞王。這隻魚偏草食，可餵食魚肉以及綠色植物。

下圖：如果你的缸子夠大，一定要試試這款忠實的傢伙。

▶ 飼養資料

適合飼養量：一缸一隻
混養或單養：混養
游動範圍：全水域
食性：偏好某些蔬菜
相容性：性情平和
流通度：偶爾出現（野生採集個體）
人工繁殖：無相關訊息

法國神仙（巴西蓋刺魚 *Pomacanthus paru*）

大部分的海水魚愛好者對這張圖片裡由黃色垂直線條縱貫黑色魚體的法國神仙幼魚樣貌比較熟悉，相較於呈黃褐到灰色的魚體參雜黯淡黃色斑點的成魚模樣，法國神仙幼魚模樣明顯更為討喜。再次提醒，只有非常大的缸子才養得下法國神仙成魚。

▶ 飼養資料

適合飼養量：一缸一隻
混養或單養：混養
游動範圍：全水域
食性：偏好某些蔬菜
相容性：性情平和
流通度：偶爾出現（野生採集個體）
人工繁殖：可藉著類似使用在金魚上的「人工擠卵」手法來促成繁殖

▶ 繁殖

法國神仙在野生環境採一夫一妻制。繁殖過程非常寫意，對魚會游到水深處，然後一起頭朝上方游動並排出卵子與受精。據說透過人工擠卵的方式能讓魚隻排出精子與魚卵來繁殖，類似使用在金魚的手法。

體長：38 公分

左圖：這是成體女王神仙典型的華麗表現。幼魚時期的女王神仙會幫光臨牠地盤的其他魚隻清理身上的寄生蟲，就像魚醫生「飄飄」一樣。

女王神仙
（額斑刺蝶魚
Holacanthus ciliaris）

來自大西洋西部的女王神仙是魚缸中非常漂亮的魚種，花紋表現變異度高，魚體色調還會隨光線不同而改變。幼魚深藍及金黃色的身上有著圓弧、品藍色的垂直條紋。當長到約最大體長的一半大小時開始轉為成魚體色。在提供適合食物並滿足空間需求的條件下，女王神仙可長至 45 公分長。以魚肉以及綠色植物為食。幼魚具有攻擊性，不能接受同種魚，領域性十分強烈。雖然可與無脊椎動物混養，但隨著身型漸大而對無脊椎動物具破壞性。有人說女王神仙特別容易爆發白點病，不過透過含銅藥物可以成功治療，而且牠們對銅藥的耐受性很高，甚至過量添加牠們也沒有不適的反應。

▶ 產地

此魚分布非常廣泛，北起墨西哥灣，南至巴西，甚至在大西洋中間的阿森松島附近出現。

墨西哥灣

巴西

阿森松島

蝴蝶魚

扣除缺乏鰓蓋上的硬棘外，蝴蝶魚科的魚跟海水神仙的體型、花色並沒有什麼不同，連餵食上的問題也跟海水神仙一樣（見 73 頁），蝴蝶魚大多為尖頭長嘴，適合在珊瑚間覓食。標準的日行性魚種，夜晚躲藏在珊瑚丘中。

蝴蝶魚科包含部分出沒於珊瑚礁的漂亮魚種，把牠們留在野外環境是對牠們最好的選擇，然而蝴蝶魚的高價位反映出牠們在水族市場上有多搶手，即使因為人工環境餵食問題難以克服，牠們的命運大多迅速地以悲劇收場。蝴蝶魚以水螅、海綿為食，所以把牠們養在有活珊瑚的缸子會產生不小麻煩。

講些好的面向吧！成對的蝴蝶魚多能順利適應人工環境，只要採集方式得當的話 —— 手網撈捕的魚隻命耐程度遠高於靠下藥迷昏採集來的。

上圖：圖中是優雅而鮮豔的人字蝶（揚旛蝴蝶魚 *Chaetodon auriga*）幼魚，背鰭後段會拖長一小段，此特徵為英文俗名取做 Threadfin（絲鰭）之由。

人字蝶（揚旛蝴蝶魚 *Chaetodon auriga*）

分布在相同區域的蝴蝶魚花色經常非常相似，人字蝶與牠的另外兩款親戚都在銀色、黃色的身體上有著人字形的灰黑色花紋。藏匿眼睛的黑色縱帶是蝴蝶魚常見的共同特徵，可保護眼睛這個重要器官免受攻擊，魚隻身上的假眼黑斑也能有效矇騙掠食者。英文俗名 Threadfin butterflyfish 用來描述在背鰭後段的黃色區域末段 -- 如絲般延伸的部分。大部分人字蝶在背鰭黃色區域有一個「假眼」，少部分居住於面海礁岩的族群才沒有假眼。以水螅、海葵及藻類為食。

飼養資料

適合飼養量：一缸一隻
混養或單養：混養
游動範圍：全水域
食性：海葵、藻類，但也能接受其他食物
相容性：性情平和
流通度：偶爾出現（野生採集個體）
人工繁殖：無相關訊息

假人字蝶（飄浮蝴蝶魚 *Chaetodon vagabundus*）

透過身體後段的黑帶以及背鰭末段黑緣得以區分假人字蝶與人字蝶。假人字蝶魚尾有兩道黑條，前額的弧度比較平緩。食物方面可比照人字蝶，兩款魚隻的野生分布也十分雷同。

體長：23 公分

日本

紅海

夏威夷

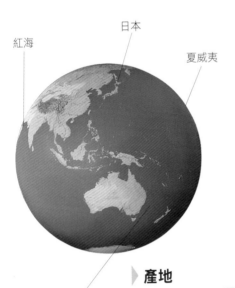

豪勳爵島

▶ 產地

分布廣泛，從紅海到夏威夷，從日本到豪勳爵島。

印度三間蝶

（紋帶蝴蝶魚 *Chaetodon falcula*）

兩個深色馬鞍圖案位於魚身上半部，該圖案從幼魚時就已長出。背鰭、臀鰭與尾鰭皆為黃色，尾柄處有一黑點或一段黑線，魚身及頭部為白色。頭部有一條由上而下的黑帶，魚身上許多垂直細紋。印度三間蝶棲息於印度洋，成體可長至 15 公分，外型易與廣布於印度 - 太平洋的太平洋三間蝶（烏利蝴蝶魚 *C. ulietensis*）混淆，後者的馬鞍圖案往下拉得更長，魚身與背鰭黃色範圍小。印度三間蝶英文俗名又為 *Pig-faced butterflyfish*（豬面蝴蝶魚），須以甲殼類、水蟲與藻類餵食，跟大部分蝴蝶魚一樣不適合入門新手飼養。會攻擊相近的魚種而且不適合與無脊椎動物混養。

三間火箭蝶 (*長吻管嘴魚 Chelmon rostratus*)

大部分蝴蝶魚體色都很相似，銀色為底的身體上有幾條鮮黃色的條紋，但三間火箭蝶並不在此列，只有棲息在更西邊的副蝴蝶魚（*Parachaetodon ocellatus*）長得跟牠有些相像，不過副蝴蝶魚體型偏菱形，三間火箭較為正方形。

有著黑邊的橘帶共計五條，縱慣銀色魚身，直達黃色與藍色構成的腹鰭、臀鰭與背鰭。背鰭後端有一假眼斑。除了花紋特別外，如鳥喙那麼長的魚吻是三間火箭蝶另一特色，方便它在礁岩的縫隙間覓食。

三間火箭蝶適應人工環境的速度很慢，最好能將牠飼養在已經運轉良好的珊瑚缸中，滿足牠們在珊瑚間覓食的本能。

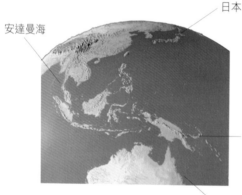

日本

安達曼海

巴布亞
新幾內亞

▶ 產地

大堡礁

較為孤僻，不是被單隻發現就是成對發現，分布範圍從安達曼海到巴布亞新幾內亞澳洲與大堡礁，最北到日本。

體長：20 公分

飼養資料

適合飼養量：一缸一隻
混養或單養：混養
游動範圍：中層與下層
食性：所有富含魚肉的食物
相容性：性情平和
流通度：偶爾出現（野生採集個體）
人工繁殖：無相關訊息

你很難找到一把比這個魚吻更適合在礁岩縫隙間覓食的工具！

紅海黃金蝶

（*Chaetodon semilarvatus*）

紅海黃金蝶的黃色身體上有數條縱向橘色細線，蓋在眼睛上的藍黑色塊呈顛倒的淚滴形狀。來自紅海，入手難導致價格極昂。這款又名為 Lemonpeel butterflyfish（檸檬皮蝴蝶魚）或 Golden butterflyfish（黃金蝴蝶魚），成體可長至 20 公分，以甲殼類、水蝨及藻類為食。黃色底色與特殊花紋讓這款魚賞心悅目，但他常不兼容同種及同缸他種魚種，也不能與無脊椎動物混養。紅海黃金蝶能很快適應人工環境。

長吻黃火箭（長吻鑷口魚 *Forcipiger longirostris*）

這隻魚不只跟短吻黃火箭（短吻鑷口魚 *F. flavissimus*）長相極度相似，牠們的棲地還重疊。若欲分辨這兩種魚，長吻黃火箭顧名思義吻部較長，其前額弧度較陡；短吻黃火箭的魚吻開口較大。

真的眼睛藏在頭部深色區域，尾柄下方的圖案被稱為「假眼」（Decoy eye）[2]

藉由明顯分區，搭配迥異配色讓魚隻看起來不像魚，這也算一種保護色功能

頭部奇異的配色有兩個功能，上半黑色覆蓋眼睛，配合臀鰭末端的假眼黑斑誘開掠食者，可保護眼睛免於被攻擊；[1]下半的銀色打破「像一隻魚」的外型輪廓，可降低被掠食者發現的機率。從鰓的後方起，魚身腹鰭背鰭、臀鰭都是鮮黃色，奇數鰭有藍緣，惟尾鰭缺乏顏色。

---

1 譯按：讓掠食者誤以為假眼是真的眼睛亦可讓掠食者錯誤判斷魚隻游動方向而撲空。
2 譯按：另一個常用來描述此眼斑的詞彙是 False eye。

體長：22 公分

東非　　　　　　日本

夏威夷

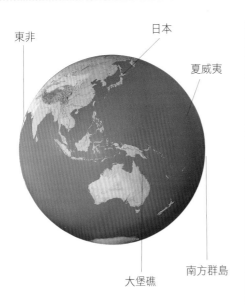

大堡礁　　　南方群島

▶ 產地

從東非到夏威夷，北起日本南至南方群島，包含大堡礁。

白關刀

（*白吻雙帶立旗鯛 Heniochus acuminatus*）

兩條向前斜下的黑色寬帶將白色身軀分隔開來，背鰭後段、胸鰭與臀鰭為黃色，腹鰭為黑色，背鰭的前幾根鰭條會拉長延伸。白關刀產於印度 - 太平洋與紅海，幼魚及成體花紋顏色幾無差異。幼體的行為與飄飄（魚醫生、裂唇魚）相似，成體可長至 18 公分，以冷凍活餌、綠色植物為食。立旗鯛屬的魚種比長相雷同的海神仙（*角蝶 Zanclus canescens*）來得容易飼養，白關刀是性情溫和的群居魚種，不過群體中的強勢領袖還是有可能會欺負其他魚。切不可跟無脊椎動物混養。

▶ 飼養資料

適合飼養量：一缸一隻
混養或單養：混養
游動範圍：中層與下層
食性：所有富含魚肉的食物
相容性：性情平和
流通度：偶爾出現（野生採集個體）
人工繁殖：無相關訊息

隆頭魚

隆頭魚科（*Labridae*）中成員的大小、身型差異甚鉅，通常僅幼魚方適合飼養於家庭魚缸中。跟海水神仙一樣，隆頭魚幼魚跟成魚在體色、花紋表現得很不一樣。

所有隆頭魚皆為日行性魚種。晚上時，牠們把自己埋在底砂中，或者分泌出黏液，像繭一般將自己包圍在內，做為「睡袋」之用。裡面布置得有角落與岩石縫隙的缸子非常適合用來飼養隆頭魚。

隆頭魚科中名氣最響亮的當屬魚醫生 ——「飄飄」（裂唇魚 *Labroides dimidiatus*）了。牠會替其他魚隻清除身上的寄生蟲，不過這個習性讓牠被歸類在挑嘴魚的行列中，因為一般海水缸內只有少量寄生蟲生存，其數量不足以填飽飄飄肚子，所以，建議在購買這隻魚之前先向魚店老闆諮詢。

許多隆頭魚因為擁有亮眼體色而成為海水缸的熱門魚種，然而，不建議在珊瑚缸中飼養大型的隆頭魚，小型隆頭魚較為適合。

上圖：黃龍（黃身海豬魚 *Halichoeres chrysus*）的體型適中，一般大小的魚缸可以從一公兩母或兩公一母養起，做為蒐集隆頭魚的發軔。

古巴龍（美普提魚 *Bodianus pulchellus*）

矮胖而流線的魚身多為猩紅色，僅尾柄上半是鮮黃色，腹鰭、背鰭與臀鰭顏色與身體同，尾鰭以黃色佔據大部分，尾鰭下緣紅色則如魚身顏色的延續。透明胸鰭尖端帶著黑斑，部分個體側腹部有一條白帶。

古巴龍屬於膽子大的魚種。幼魚行為類似魚醫生飄飄，會幫其他魚隻清理寄生蟲，並且常與藍頭龍（雙帶錦魚 *Thalassoma bifasciatum*）的幼魚待在一起，關係密切。[1]

▶ 產地

廣布於加勒比海海域以及從佛州到巴西的海域。

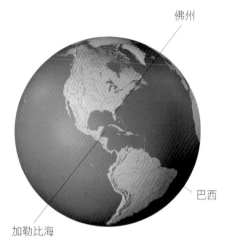

佛州

巴西

加勒比海

1 　譯按：古巴龍與藍頭龍的幼魚都是全黃身體、背鰭有大黑點，長相十分相似，在野生環境牠們常常會成群游在一起。

▶ 飼養資料

適合飼養量：一缸一隻
混養或單養：混養，但不可與無脊椎動物同缸
游動範圍：中層與下層
食性：所有富含魚肉的食物
相容性：通常性情平和，但不兼容同類
流通度：偶爾出現（野生採集個體）
人工繁殖：無相關訊息

下圖：古巴龍因兩側胸鰭末端的黑斑而又被稱為 Spotfin hogfish。

西班牙龍

（*紅普提魚 Bodianus rufus*）

幼魚以黃色為主，但魚身上半為藍色。成魚體色轉為標準的紅、黃配色，然而兩色比例會隨魚隻棲地及水深不同而異。這隻顏色鮮豔的魚來自大西洋西部，成體可長至 20 公分。貪吃，以缸底的甲殼類、貝類為食。性情溫和，適合混養，幼魚時雖可與無脊椎動物和平相處，但隨年紀與體型漸增，將成為對無脊椎動物具高度破壞性的存在。就像這個屬別的其他成員一般，西班牙龍的幼魚也會幫其他魚隻清理寄生蟲。

上圖：成魚棲息在更深的地方，魚隻幼魚（如圖所示）到成魚間體色的變化很有可能是為了適應低亮度的環境。

七帶豬齒魚（*Choerodon fasciatus*）

這隻魚的體色漂亮得讓人瞠目結舌，帶藍緣的亮橘色粗帶縱貫銀藍色魚身，腹鰭、背鰭與臀鰭皆為帶藍緣的橘紅色，尾柄處是深藍色，白色尾鰭在末端轉為紅色。牙齒能向前伸出，可用來移動石塊、找尋躲在下面的無脊椎動物，亦可用來拽出藏身於岩石間的軟體動物。

▶ **飼養資料**

適合飼養量：一缸一隻
混養或單養：混養，但不可與無脊椎動物同缸
游動範圍：中層與下層
食性：所有富含魚肉的食物
相容性：通常性情平和，但不兼容同類
流通度：偶爾出現（野生採集個體）
人工繁殖：無相關訊息

出現在幼魚背鰭、臀鰭與腹鰭的大眼斑在成體七彩豬齒魚身上已經完全消失。

體長：25 公分

▶產地

野生環境中通常一個區域只會出現一隻。分布北起台灣、琉球群島，南至澳洲與大堡礁。

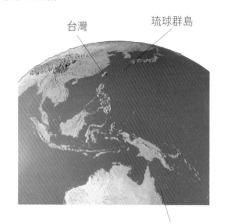

台灣　　琉球群島

大堡礁

東非和尚龍

（紅喉盔魚 Coris aygula）

無論幼魚或者成體的顏色都讓人印象深刻。幼魚身體為白色，魚隻背上有兩顆明顯的橘斑，魚身前半截及魚鰭上密佈黑點，背鰭長著兩顆帶白邊的大黑點。成魚為綠色，紫色魚鰭帶黃緣，有點像被暱稱為「拿破崙魚」的蘇眉魚（曲紋唇魚 Cheilinus undulatus）。這款性情平和、底部覓食的魚種接受冷凍海水餌料與活餌，幼魚可和無脊椎動物混養，但隨年紀與體型漸大而展現破壞性。東非和尚龍很快就會從幼魚長到 20 到 30 公分大小。

下圖：別把東非和尚龍與蘇眉魚搞混，牠們的大小差了三倍呢！

雀尖嘴龍 (*Gomphosus coeruleus*)

把與鳥相關的名字套在這款魚上
非常適合，不只因為牠延伸的魚
吻像鳥喙，也因為牠奇特的游泳
動作讓人聯想到鳥類的飛翔姿勢
而非魚類泳姿。

　　公魚的顏色是藍綠色，尾
鰭有一塊呈半圓形的黃色區域，
背鰭與臀鰭帶著黃邊，胸鰭為黑
色。母魚為黯淡的咖啡色。

　　當夜晚來臨，這款活潑的魚
都躲藏在礁岩中，
不似大部分隆頭魚
將自己埋在底砂
裡。

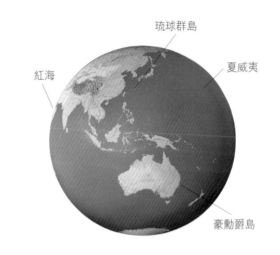

琉球群島

夏威夷

紅海

豪勳爵島

▶ 飼養資料

適合飼養量：一缸一隻
混養或單養：混養，但不可與無脊椎動
物同缸
游動範圍：中層與下層
食性：所有富含魚肉的食物
相容性：通常性情平和，但不兼容同類；
非常活潑，可能會驚擾到其他魚種
流通度：偶爾出現（野生採集個體）
人工繁殖：無相關訊息

體長：28 公分

上圖：知名的「魚醫生」會幫造訪牠珊瑚礁居所的大部分魚隻提供清潔服務。

▶ 產地

野外分布廣，從紅海到夏威夷，北起琉球，南至豪勳爵島。

飄飄

（*裂唇魚 Labroides dimidiatus*）

幫其他魚隻清理寄生蟲的行為，讓這隻魚榮登最為人知曉的隆頭魚種。不只飄飄，鰕虎以及清潔蝦同樣也有這種清潔動作，整個清潔過程像儀式般進行：當飄飄靠近一隻「病患」時，這位病患（或稱為寄生蟲宿主）會把魚臍展開，並呈現頭朝上或頭朝下的懸垂姿勢方便飄飄清理，有時病患會褪去體色，這可能讓飄飄更好找到寄生蟲。飄飄出沒於印度 - 太平洋海域，體長可長至 10 公分。在野外牠們以其他魚隻身上的寄生蟲為食，在魚缸環境可以投餵切碎的魚肉做為這些吃鬼的替代食物。飄飄非常活潑但性情平和，可以跟無脊椎動物同缸混養。

披著羊皮的狼

飄飄修長的藍色身體由一條起自吻部終於尾鰭的水平深色粗帶所貫穿，其黑色粗帶壓在嘴巴上，這是用來區辨另外一款被稱為「假飄飄」縱帶盾齒鳚（*Aspidontus taeniatus*）的方式，後者為肉食性魚種，嘴部位於黑色條紋的下方。

黃龍（黃身海豬魚 *Halichoeres chrysus*）

看到牠亮眼的黃色配上其身型，應該不會有人對英文俗名 Banana wrasse（香蕉隆頭魚）有任何的疑問了。黃龍背鰭有三個黑點，尾柄的一個黑點，黑點位置與白肚黃龍（黃白海豬魚 *H. leucoxanthus*）相同，不過白肚黃龍只有魚身上半是黃色，下半則為銀白色，故英文俗名取為 Canary-top wrasse（上身金絲雀）。

▶ **產地**

從聖誕島到馬紹爾群島，北起日本南端，南至澳洲東南部。

日本

馬紹爾群島

聖誕島

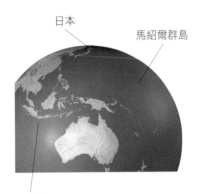

▶ **飼養資料**

適合飼養量：一缸兩隻到三隻
混養或單養：混養，但不可與無脊椎動物同缸
游動範圍：中層與下層
食性：所有富含魚肉的食物
相容性：通常性情平和，但同類間有時會相互追逐
流通度：偶爾出現（野生採集個體）
人工繁殖：無相關訊息

上圖：怎麼看六線龍都是個精明的傢伙，無論眼睛上的橫向白線、綠色尾鰭上端的黑點都是極佳的偽裝。

六線龍

（六帶擬唇魚 *Pseudocheilinus hexataenia*）

這隻來自印度 - 太平洋的魚種是對稱身型的典範，背部與腹部像是鏡中的倒影一般。魚身水平線條為橘色與紫色相間，背鰭與尾鰭略呈黃色，腹鰭與臀鰭為紫色，尾柄有顆帶白緣的黑點。儘管這隻魚外表很具吸引力，但牠性情十分害羞，不常露面，多半躲在珊瑚枝枒間，鮮少游到空曠區域。成體大小 *7.5* 公分，可以很快接受活餌、冷凍餌料、甚至薄片飼料。把六線龍養在混養缸中，牠們會經常在假山中覓食些小東西，偶爾攻擊螺類。六線龍對同類或相似種以外的其他魚隻性情溫和，這是一款有趣、平價、不太容易生病的魚種，由衷推薦給海水新手們。

下手前多想想

很多隆頭魚科的魚種在幼魚期的表現，都誘惑著海水魚愛好者把牠們帶回家，但我們要瞭解不少隆頭魚會長得很大，成魚也將失去牠們幼魚期的體色，入手隆頭魚之前要把這些後續變化納入考量。

刺尾鯛

刺尾鯛科（*Acanthuridae*）的魚身型呈橢圓或像圓盤形狀，背、臀鰭基部與魚身連接的部分很長。前額極陡，眼睛位於較高的位置。英文稱牠們為 surgeonfishes，因尾柄兩側各一根可打開、形狀如手術刀的「尾棘」而得名，能以之進行攻擊或防禦[1]。

此科成員多屬日行性魚種，食性為草食性，飼養時需投餵高比例的植物。多半不兼容於同類，特別是體色或身型相似者，不過在夠大的魚缸中，身型偏橢圓的刺尾鯛有可能跟身型偏圓盤形的刺尾鯛共處，至少不會一見面就打起來。

另個英文俗名 Tang 應該是德文 Seetang 的縮寫，意思是「海草」，反映刺尾鯛對食用藻類及巨型海草的喜好，這些海草除了供食用外，也具有提高水中溶氧的功能，就像個強力過濾器兼打氣機一般。

---

1 譯按：surgeon 取外科醫生之意。中文稱牠們為刺尾鯛亦因尾柄處的尾棘，其外皮鞘包有毒腺。海水魚玩家喜歡稱呼牠們為「倒吊」亦因尾棘倒勾。

上圖：有什麼能比「刺尾鯛」一詞更適合形容這類魚隻的呢？這把位於尾巴與身體交界處閃閃發亮的「手術刀」就像在警告掠食者不要靠近。

粉藍倒吊 (*白胸刺尾鯛 Acanthurus leucosternon*)

Acanthurus 屬標準的陡峭前額與橢圓形魚身，加上黑色頭部、白色喉部、被黃色背鰭及臀鰭圍繞的魚身，以及黑色妝點的尾鰭讓這款魚變得非常好認。尾棘藏在尾柄黃色區域裡，小而尖的嘴巴配上牙齒成為攝取藻類與浮游生物的利器。雖然在野外常常一大群一起出現，大部分水族零售商寧可選擇把粉藍倒吊幼魚一隻隻分開飼養，因為牠們很容易就會互打起來。粉藍倒吊以及關係相近的花倒吊（日本刺尾鯛 *Acanthurus Japonicus*）野生環境都分布得十分廣泛。

　　購買刺尾鯛時要留意魚隻有沒有消瘦的情形，特別在身體靠近頭部的區域，這些魚在野外會花大量時間進食，需要充足的植物性食物。

▶ **產地**

從東非到印尼西南部。

魚隻顏色以藍色為主，突出黃色區域的尾棘非常搶眼。

▶ **飼養資料**

適合飼養量：一缸一隻
混養或單養：混養
游動範圍：全水域
食性：接受大部分的食物，包含富含魚肉者，但以餵食植物為主的食物為佳。牠們會不斷地覓食
相容性：同類間會相互追逐，但通常對無脊椎動物完全無視
流通度：經常出現（野生採集個體）
人工繁殖：無相關訊息

體長：23 公分

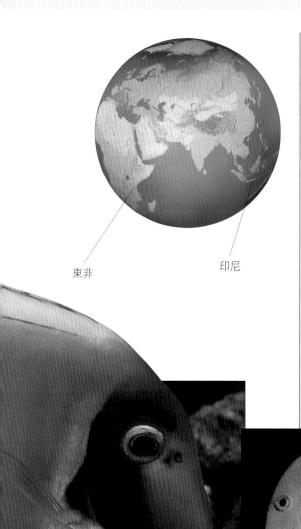

東非　　　　　印尼

美國藍倒吊

（*藍刺尾鯛 Acanthurus coeruleus*）

幼魚的體色為黃色，藍色圍繞眼睛周圍，可別因此跟黃三角倒吊（黃高鰭刺尾鯛 Zebrasoma flavescens，見 142 頁）搞混了。小的個體比較具有攻擊性，如果在其他魚隻下缸之前就已經建立領域，那麼美國藍倒吊更可能會霸凌後來的魚隻，不過此攻擊性會隨著時間而逐漸將低。千萬別將這隻魚跟無脊椎動物混養。隨魚隻長大，身上會長出細藍線，成魚轉為比快要長成成魚（alomost adult）時更深的藍色。成魚尾柄上的尾棘被黃色或白色圍繞，深藍體色與幼魚期的黃色差異極大。美國藍倒吊多被發現於大西洋西部，成體可長至 15 公分。牠們主要以藻類為食。

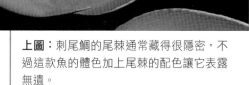

上圖：刺尾鯛的尾棘通常藏得很隱密，不過這款魚的體色加上尾棘的配色讓它表露無遺。

印度天狗（黑背鼻魚 *Naso lituratus*）

大部分的書都把這款魚歸類在刺尾鯛中，但牠更以身為鼻魚亞科（*Nasinae*）一員而聞名，該亞科中部分魚隻的前額向前突刺而出，看起來像獨角獸一般的長角。此外，印度天狗的尾棘永遠豎立著，魚骨突起而成的尾棘在尾柄兩側各有「一對」。[2]

印度天狗體色為銀色與棕色搭配而成，灰白的臉上有黑色圖案，鮮紅嘴唇為另外一個英文俗名 Lipstick tang（口紅刺尾鯛）的由來。[3] 背鰭是鮮黃色，與魚身相連的基部很長，臀鰭為棕色，其基部長度較諸背鰭不遑多讓。尾鰭邊緣被窄黑帶圍繞。由體型大小可推測牠屬於大洋性魚類，自然需要足夠魚缸空間來滿足牠的游動需求。

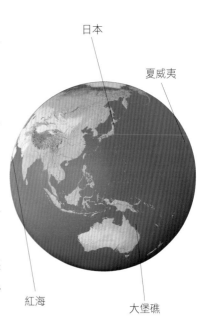

日本

夏威夷

紅海

大堡礁

▶ 飼養資料

適合飼養量：一缸一隻
混養或單養：混養
游動範圍：全水域
食性：接受大部分的食物，包含富含魚肉者，但以餵食植物為主的食物為佳。牠們會不斷地覓食。
相容性：同類間會相互追逐，但通常對無脊椎動物完全無視。
流通度：經常出現（野生採集個體）
人工繁殖：無相關訊息

2　譯按：刺尾鯛多半一側只有一根尾棘，印度天狗兩側共有四根。
3　譯按：一般用來指稱印度天狗的英文俗名是 Orange-spine unicornfish，分別代表橘色的尾棘以及鼻魚亞科的俗名。

體長：30 公分

左圖：該種魚類的尾棘沒有遮蔽用的顏色區塊那麼大。

雞心倒吊

（心斑刺尾鯛 Acanthurus achilles）

魚身呈棕色、橢圓形，背鰭與臀鰭底部各有一條黃、紅搭配的線條，分布對稱。位於眼睛後方、鰓蓋上的白色標誌，以及魚隻胸部的灰白斑是與同科親戚的共同特徵，但尾柄上淚滴形狀的橘紅區塊是這隻魚的特有標記，尾棘也長在橘紅區塊中。這裡的橘紅標記只有成魚才有，幼魚身上不會出現。雞心倒吊可長至 25 公分，雖然性情平和，但飼養者須謹慎處理，牠能兼容大部分的魚種，但一開始面對同科魚種時容易打架，故在第一隻魚尚未適應前，不要放入雞心倒吊，也別把牠跟無脊椎動物混養。這隻魚多分布於太平洋，以藻類為食（高聳的前額利於進食藻類），在魚缸環境比較不敢光明正大地進食，接受一般蛋白性食物，例如經伽瑪射線殺菌的冷凍餌料、活的豐年蝦以及藻類與其他綠色蔬菜。

▶ 產地

從紅海到夏威夷，北起日本，南至大堡礁。

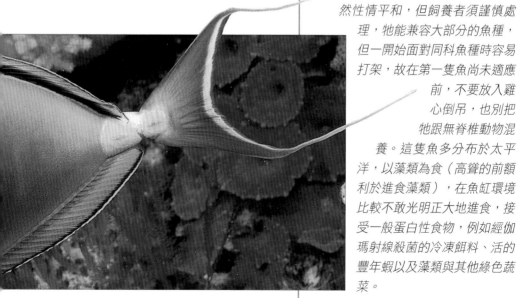

藍倒吊（擬刺尾鯛 *Paracanthurus hepatus*）

皇室藍的魚身妝點著如調色盤的輪廓及圖案，配上鮮黃色的尾鰭與胸鰭，憑著這些特徵讓這款海水缸寵兒擁有極高的辨識度。

　　刺尾鯛的生存都十分倚賴高溶氧以及溫暖的環境，適合的溫度介於攝氏 26 到 28 度，儘可能將魚缸各參數維持在跟野生環境相同的區間，同時確保酸鹼值穩定地控制在 pH8.3。

　　一如其他刺尾鯛科成員，藍倒吊具有領域性，必須提供足夠的魚缸空間並設置大量藏身處。

魚身的調色盤圖案讓人馬上就能辨認出藍倒吊，背鰭花紋與鮮黃色的尾鰭亦值得一觀。

▶ **產地**

分布區域廣泛。從東非到太平洋中部的萊恩群島（Line Island），北起日本南部，南至大堡礁、新喀里多尼亞與薩摩亞。

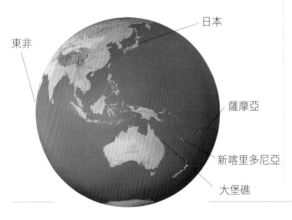

東非
日本
薩摩亞
新喀里多尼亞
大堡礁

▶ **飼養資料**

適合飼養量：一缸一隻
混養或單養：混養
游動範圍：全水域
食性：接受大部分的食物，包含富含魚肉者，但以餵食植物為主的食物為佳。牠們會不斷地覓食
相容性：同類間會相互追逐，但通常對無脊椎動物完全無視
流通度：經常出現（野生採集個體）
人工繁殖：無相關訊息

體長：31 公分

紋倒吊

（*線紋刺尾鯛 Acanthurus lineatus*）

刺尾鯛科中有一些兩截花紋表現的魚種，紋倒吊是其中之一：魚隻下半截為淺色區域；上半截為帶黑邊的橫向線條，各線條保持平行。腹鰭為黃色。橫條紋圖案是紋倒吊的英文俗名如 *Blue-lined surgeonfish*（藍線刺尾鯛）、*Pyjama tang*（睡衣刺尾鯛）的由來。[4] 一缸只養一隻紋倒吊是比較理想的（除非你有個非常大的缸子才能夠養上幾隻），小隻個體特別具攻擊性。紋倒吊如同其他刺尾鯛般喜歡一些礁石或假山形成的躲避空間。魚隻多半出現在印度 - 太平洋，以藻類為食，成體可長至 15 公分。

左圖：紋倒吊色彩鮮豔的紋路在魚缸燈光下顯得光彩奪目，但在水深處看起來就不一樣了。

4　譯按：最常被使用的英文俗名還是 Clown surgeonfish（小丑刺尾鯛）。

黃三角倒吊（黃高鰭刺尾鯛 *Zebrasoma flavescens*）

這隻全身鮮黃的魚種在海水缸裡總是表現突出、引人矚目，黃三角倒吊偏好植物餌料，特愛燙過的萵苣葉，用磁力刷即可將這類食物固定在魚隻容易進食的地方。

　　全身黃的魚種不少，例如藍眼黃新娘（*Centropyge flavissimus*）、黃新娘（*C. heraldi*），甚至是關係接近的黃倒吊（*Acanthurus pyroferus*）幼魚等，不過，透過高聳背鰭以及彷彿被前後壓縮的身型可以輕易將黃三角倒吊從其中分辨出來。

▶ 飼養資料

適合飼養量：一缸一隻
混養或單養：混養
游動範圍：中層與下層
食性：接受大部分的食物，包含富含魚肉者，但以餵食植物為主的食物為佳。牠們會不斷地覓食
相容性：同類間會相互追逐，但通常對無脊椎動物完全無視
流通度：經常出現（野生採集個體）
人工繁殖：無相關訊息

▶ 產地

琉球群島以東，主要被發現於夏威夷附近。

體長：20 公分

琉球群島

夏威夷

圖中是一隻狀態很好的黃三角倒
吊。挑選魚隻時要避免選擇魚身
（特別是頭部與背部區域）凹陷
的個體。

藻類終結者

若想要讓一些討
人厭的藻類生長
受到控制，養一隻
刺尾鯛是不錯的
解決辦法。不過，
有些小型藻類是
對海水缸有好處
的，它們可以吸收
硝酸鹽，同時增加
水中微量元素。

大帆倒吊

（橫帶高鰭刺尾鯛 *Zebrasoma velifer*）

這款來自印度 - 太平洋的魚乍看之下讓
人聯想起淡水的七彩神仙，不過細看將
發現牠的身型並非如七彩神仙呈圓形，
而是逐漸收窄、往前倒的橢圓身型，虛
幻的圓形身型其實是由大而寬的背、臀
鰭所建構出來的。大帆倒吊可長至 40
公分。

　　魚隻乳白色的底色被五或六道縱
向咖啡色條紋分隔，眼睛與鰓蓋上的兩
道條紋顏色最深，有些咖啡條紋整條還
帶有紅、金交雜的細線。魚鰭延續魚身
乳白色和咖啡色輪流交替的圖樣，以同
心圓方式圍繞魚身。尾柄呈淺藍色，配
上深藍色的尾棘，尾鰭則為黃色。幼魚
（如圖所示）身上的縱向條紋為黃、棕
相間。不似成魚，幼魚多待在水淺處。

　　大帆倒吊
偏好的植物成
分之高，跟牠
對魚肉的需求
量差不多。同
類間會相互追
打，但通常對
無脊椎動物完
全無視。

砲彈魚 [1]

鱗魨科（*Balistidae*）的魚種有著延伸、三角狀、向一端收窄的魚身，砲彈魚在一般魚隻腹鰭位置只留下魚鰭退化後的殘跡。牠們有兩個背鰭，第一個背鰭具有固定魚隻的功能，這是該科魚種的主要特徵。第一背鰭的第二根硬棘可立起讓第一背鰭挺起，[2] 魚隻因而能牢牢鎖在岩縫中或讓大型略食者因而無法吞下砲彈魚（切記砲彈魚也可用同樣的方法固定在海水魚飼養者的魚撈網中）。只有在第二鰭條放倒，「鬆開扳機」後，才能讓第一背鰭倒入背部的溝槽中，在一般未豎起的情況下第一背鰭看起來是平的或根本無法看到第一背鰭。

砲彈魚不能與無脊椎動物混養，野生環境中牠們以無脊椎動物為食。在人工環境，砲彈魚非常愛與同類打架，所以最好只飼養一隻。牠們的泳姿十分特別，藉由左右擺動背鰭與臀鰭來推動水流讓自己前進，不像多數魚是利用尾鰭游動。在野生環境牠們在海床上交配，卵會被產到由公魚挖出來的淺坑內。

1　譯按：砲彈魚一詞為國內習慣用法，若按英文俗名 TriggerFish 則多被直譯為「扳機魨」，此名國內有人使用，但頻率較低。扳機魨一名的源由如第一段的「固定姿勢」所示。
2　譯按：清楚一點的描述是第一背鰭下面有一凹槽，當第二硬棘豎立時就會將該凹槽塞滿，導致第一背鰭無法倒下。

上圖：可以看到小丑砲彈（*Balistoides conspicillum*）的第一背鰭已經被第二根硬棘固定，呈現豎立狀態，這就是為何第二棘條被稱為「扳機」的緣故。平常魚鰭跟魚身是切齊貼平的。

小丑砲彈（*花斑擬鱗魨 Balistoides conspicillum*）

跟很多其他海水魚一樣，小丑砲彈有著上下兩段式的花紋，下半身為深色，散佈著橢圓形大白斑，上半身有塊如馬鞍狀的鮮黃區域出現在背鰭下方。眼睛藏在頭部深色中，下方有條橫越魚吻的黃帶。嘴巴因為被黃色區塊圍繞加上上頭的一條白線而顯得更為突出。小丑砲彈的牙齒極為銳利，所以處理這隻魚時須謹慎。砲彈魚有兩個背鰭，第一背鰭多半平平折起，收入位於黃色馬鞍型花紋上方的溝槽中。

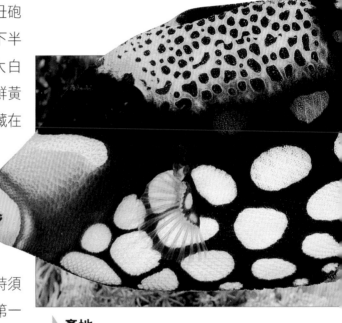

▶ 產地

小丑砲彈野外分布極為廣泛，從東非到薩摩亞，北起日本，南至豪勳爵島。

▶ 飼養資料

適合飼養量：一缸一隻
混養或單養：可與更大的魚混養，但不可與無脊椎動物放一起。最好能單獨一隻一缸
游動範圍：中層與下層
食性：所有富含魚肉的食物
相容性：具領域性
流通度：偶爾出現（野生採集個體）
人工繁殖：無相關訊息

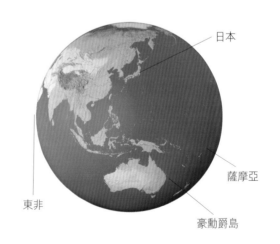

日本

薩摩亞

東非

豪勳爵島

體長：50 公分

上圖：可注意砲彈魚泳姿，牠往前的動力是來自背鰭及臀鰭後段的擺動，而非依靠尾鰭提供。

魔鬼砲彈

（*紅牙鱗魨 Odonus niger*）

整個魚身都是深藍綠色，鱗片越往中心顏色越深，排列起來形成網紋狀。頭部顏色只有一些深淺差異，有時可見到從魚吻往上延伸至眼睛的面部紋路。如英文俗名 *Redtooth triggerfish* 所示，魔鬼砲彈的牙齒是鮮紅色的。魚鰭外側邊緣呈亮藍色，尾鰭上下葉大幅延伸，呈月牙（琴尾）形狀，當魚隻受驚時尾鰭是唯一會被看到的部分，此時牠鑽入岩縫中躲藏，留下尾鰭在外頭。魔鬼砲彈一般被認為是性情平和的種類，但在魚缸中別把牠和無脊椎動物放在一起。可接受所有魚肉食物，成體可以長至 *40* 公分。

右圖：砲彈魚的泳姿與大部分其他的魚種迥異，牠們藉由左右擺動背鰭與臀鰭，而非使用尾鰭游動。

畢卡索砲彈（尖吻棘魨 *Rhinecanthus aculeatus*）

Humuhumu，當地[3]如此稱呼牠，這名字就像魚隻身上的圖案那般特殊，畢卡索砲彈總能吸引大家的注意。即使嘴巴相對地小，但黃色嘴唇與水平延伸到鰓蓋後方的長黃線都讓人有種幻覺，彷彿這隻魚有張血盆大口般。或許這是某種保護色？頭頂帶微微黃色，喉部與腹部區域為白色。魚身下半段從胸鰭到尾柄有著白黑相間的斜線，尾柄處的黑白線條則為水平方向，一條帶藍緣的深色線條橫越眼睛，直到鰓蓋後段。上半截魚身是乳白色。棕灰色的煙燻圖案分隔開背部與魚腹斜線，兩道棕色穿越煙燻圖案，往上與兩片背鰭連接。

▶ **產地**

印度-太平洋水域，從東非到夏威夷、北至日本、南至豪勳爵島。

不像外表的偽裝圖案，畢卡索砲彈的嘴巴其實非常小。注意圖中這隻魚豎立背鰭的模樣，這不是常常能看到的畫面。

▶ **飼養資料**

適合飼養量：一缸一隻
混養或單養：可與更大的魚混養，但不可與無脊椎動物放一起。最好能單獨一隻一缸
游動範圍：中層與下層
食性：所有富含魚肉的食物
相容性：具領域性
流通度：偶爾出現（野生採集個體）
人工繁殖：無相關訊息

3　譯按：所謂當地指的是夏威夷。Humuhumu 其實已經是夏威夷語的簡稱，全名應為 humuhumunukunukuapua'a，意思是「有著很鈍的吻部、像豬的魚」。畢卡索砲彈同時是夏威夷的州魚，也常出現在夏威夷歌謠中。

體長：25 公分

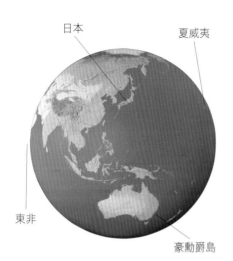

日本

夏威夷

東非

豪勳爵島

藍紋砲彈

（姬鱗魨 *Balistes vetula*）[4]

深色線條從眼睛周圍輻射開來，臉上有著讓人驚艷的藍色標誌。背鰭與尾鰭尖端隨著年紀逐漸延長，拉成絲狀，公魚比母魚來得大、顏色較為鮮豔，也更會出現上述拖鰭表現。這款漂亮而醒目的魚種在人工環境是可以被馴化的，但用手餵食的時候還是要小心，藍紋砲彈有點暴的牙齒是非常尖利的，建議把食物串在雞尾酒牙籤上再拿著牙籤餵食。藍紋砲彈是大膽的貪吃鬼，可將小隻冷凍魚切大塊餵食，此外，甲殼類、軟體與一般冷凍餌料牠們都接受。多分布於大西洋西部的熱帶海域，成體可長至 25 公分。不可與小型魚隻或無脊椎動物混養。雖然對其他種類性情溫和，但同類間會互相打鬥。

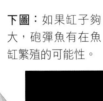

下圖：如果缸子夠大，砲彈魚有在魚缸繁殖的可能性。

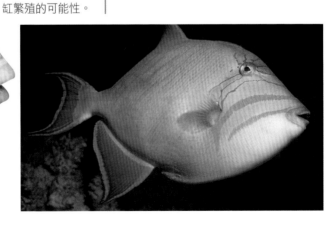

---

4 譯按：中文名又稱為女王砲彈

石斑與海金魚

鮨科（*Serranidae*）囊括的魚種非常廣，不但包含體色鮮豔、體型中等的魚種，也包含外表單調乏味的深海大傢伙。身型多偏向矮胖圓筒狀，背鰭帶刺。

此科別中的許多成員都喜歡待在底部，有的在珊瑚礁底部的礫石灘巡邏，有的則趴在底部等待，準備隨時撲向經過的獵物。鮨科魚的性別變換很常見，一旦有需要（即無論原因為何，只要領袖公魚無法繼續實踐他原有的功能時）[1]，母魚就會變性為公魚。

較大的魚種自然產生大量排泄物，需要有效的過濾系統以及勤快地換水才能維持良好水質。

小型鮨科非常適合家庭魚缸，這類魚種包含美國草莓（藍紋鱸 *Gramma loreto*）及長相相似的雙色草莓（黃紫擬雀鯛 *Pseudochromis paccagnellae*），兩者顏色都很鮮豔，是珊瑚缸的絕佳選擇。不過，把牠們劃分在鮨科是便宜行事的用法，嚴格來說牠們並非鮨科，這兩款魚分別屬於藍紋鱸科（*Grammidae*）以及擬雀鯛科（*Pseudochromidae*）。

1　譯按：例如老化、遭獵捕、生病等。

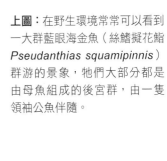

上圖：在野生環境常常可以看到一大群藍眼海金魚（絲鰭擬花鮨 *Pseudanthias squamipinnis*）群游的景象，牠們大部分都是由母魚組成的後宮群，由一隻領袖公魚伴隨。

老鼠斑（駝背鱸 *Chromileptis altivelis*）

即使體型大，老鼠斑慢慢在魚缸中巡弋的動作堪稱優雅，也可以想見魚缸空間必須夠大才行。乳白色的魚身與魚鰭皆散佈著黑色斑點，這讓牠獲得 Pantherfish（花豹魚）以外另一個英文俗名——Polkadot grouper（圓點石斑），不只如此，因為牠頭部之小讓背部對比起來非常高聳，又得到 humpbacked grouper（駝背石斑）這個名號。老鼠斑的幼魚黑斑較大，隨成長斑點逐漸變小但數目增加。

在牠的老家，老鼠斑被當作高價食用魚種；在魚缸環境，雖然老鼠斑的嘴巴看起來很小，但若以安全著眼，最好還是別跟小型魚種養在一起。

▶ **飼養資料**

適合飼養量：一缸一隻
混養或單養：混養
游動範圍：全水域
食性：皆可，包含風乾食物與冷凍活餌。使用活金魚或餌料魚這類活餌可能會培養出牠們攻擊同缸魚隻的習性
相容性：跟大小相近的其他魚種關係尚可
流通度：偶爾出現（野生採集個體）
人工繁殖：無相關訊息

▶ **產地**

從東非到萬那杜（Vanuatu）；北起日本，南至新喀里多尼亞。

大片的魚鰭讓魚隻在魚缸中能維持優雅而緩慢的泳姿。

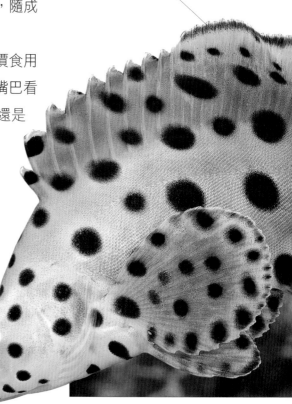

體長：70 公分

日本

東非

萬那杜

新喀里多尼亞

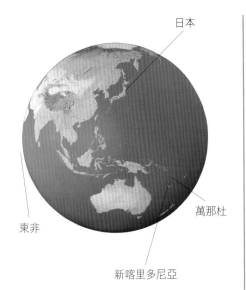

七夕鬥魚

（**珍珠麗七夕魚** Calloplesiops altivelis）

當看到這隻漂亮、有著欺敵外表的魚時，背鰭後段上的假眼很容易讓人搞不清楚魚隻的頭究竟朝向哪個方向？深咖啡色魚身佈滿淺藍斑點，配上十分寬闊飄逸的魚鰭，跟淡水的泰國鬥魚（*Betta splendens*）十分神似，因而得到「海水鬥魚」的稱號。尾鰭乍看之下與鯙科魚[2] 相似，具有很好的欺敵效果。這隻來自於印度 - 太平洋的魚種會花大把時間呈現頭下腳上的獵食姿勢，餵食冷凍小魚以及富含魚肉的食物，成體可長至 15 公分，雖然這肉食魚是無脊椎動物魚缸的理想選擇，但寧可謹慎一點，同時別將七夕鬥魚跟小型魚種混養。

下圖：當潛在掠食者決定好要攻擊七夕鬥魚的哪一頭時，七夕鬥魚才會開始躲避。

2　譯按：例如錢鰻、裸胸鯙這類常出現在珊瑚礁的惡霸。七夕鬥魚在發現危機時會把頭部朝向洞穴內部，露出尾鰭與背鰭假眼，透過模仿裸胸鯙這類魚隻的擬態來保護自己。

美國草莓（藍紋鱸 *Gramma loreto*）[3]

這是一款顏色非常鮮豔的海水魚，來自西大西洋以及加勒比海海域。魚身由高對比的兩種顏色巧妙搭配：前半截是鮮豔的桃紅色，後半截的鮮黃色同樣亮眼。一條細黑線起於魚吻往上橫越眼睛，背鰭與魚身相接的基部很長，背鰭前端生有一黑點。胸鰭與腹鰭皆呈桃紅色，尾鰭為鮮黃色，背鰭與臀鰭上兩色皆具。

　　美國草莓跟長相相似的克氏油紋鱸（*Lipogramma klayi*）生活在相同水域，後者的桃紅色僅侷限在頭部範圍，亦缺乏橫越眼睛的細黑線及背鰭黑點。美國草莓更常與來自印尼和太平洋海域的雙色草莓（黃紫擬雀鯛 *Pseudochromis paccagnellae*）混淆，雙色草莓由一條幾乎看不見的白色細線將桃紅、紫黃二色一分兩段。

▶ **飼養資料**

適合飼養量：一缸一隻，不過已配成對的可以養在非常大的魚缸中
混養或單養：混養
游動範圍：中層與下層
食性：大部分的食物，包含活的豐年蝦
相容性：性情溫和，但具有領域性
流通度：經常出現（野生採集個體，不過人工繁殖的數量正增加中）
人工繁殖：可行

下圖：美國草莓不喜歡牠挑選的巢穴被任何其他魚隻闖入，牠適合被養在一個布置有許多藏身處的魚缸。

3　香港稱之為「鬼王」。

體長：8 公分

巴哈馬

小安地列斯群島

委內瑞拉

▶ 產地

巴哈馬（Bahamas）、委內瑞拉（Venezuela）、小安地列斯群島（Lesser Antilles），但不包含佛州。

雙色草莓

（**黃紫擬雀鯛** *Pseudochromis paccagnellae*）

這隻顏色鮮豔的魚種是擬雀鯛科（Pseudochromidae）的成員，外表彷彿美國草莓的翻版，不過雙色草莓的背鰭與臀鰭幾乎沒有顏色，也缺少橫越眼睛的細線，所以沒有美國草莓那麼搶眼。垂直而下的細白線縱貫魚身，將桃紅與黃色乾淨地斷開，這成為辨別兩種魚的關鍵線索。雙色草莓的習性跟一般海金魚相似，多待在礁岩上的海堤附近或緩緩地游動於珊瑚骨上方。

下圖：雙色草莓不只模樣像美國草莓，需求環境也差不多，牠們都需要隨時有地方藏身。

左圖：黑頂線鮨（*G. melacara*）可長至 10 公分，是一款害羞的魚種，總是在找尋可藏身的礁岩裂縫，頭下腳上地吊在洞穴頂端休息。

155

甜心草莓（紅長鱸 *Liopropoma rubre*）

前人大概在看這隻魚的第一眼時就決定用 Swiss guard basslet（瑞士近衛隊）來命名了。[4] 這隻魚的紋路由紅棕色與黃色交互輪替，線條延魚身水平排列，很容易讓人聯想到在在梵諦岡值勤的「教宗瑞士近衛隊」制服的顏色，即使制服的線條是垂直排列的。甜心草莓具有兩個背鰭，第二背鰭跟臀鰭都帶著一個黑色斑點。尾鰭黑色區域可分為上下兩瓣，橫貫魚身的線條止於此處。在其分布的海域屬於常見魚種，但因為生性機警，所以很少被實際目擊。

▶ 飼養資料

適合飼養量：一缸兩隻到三隻
混養或單養：混養
游動範圍：中層與下層
食性：所有餌料皆可
相容性：一般而言，性情溫和
流通度：偶而出現（野生採集個體）
人工繁殖：無相關資訊

受益於細長的身型，躲藏於岩縫間變成一件很簡單的工作。

位於尾鰭上下兩葉的兩個黑點是連在一起的。

4　譯按：身為內陸國的瑞士理應與海水魚八竿子打不著邊，不過負責保護教宗安全的梵諦岡瑞士近衛隊制服顏色正是橘黃、深藍與紅色排列而成，目前的近衛隊制服是由 1914 年瑞士近衛隊隊長朱爾雷邦德設計，色調延續十六世紀三色制服，整套制服重達 3.6

體長：8 公分

左圖：毫無防備的魚隻很難發現藏匿在旋垂礁岩的下方、等待餐點送上門的七星斑。

佛州

猶加敦州

委內瑞拉

七星斑

（青星九刺鮨 *Cephalopholis miniata***）**[5]

七星斑的魚身以及背鰭、臀鰭、尾鰭都是腥紅色，上面佈滿淺藍斑點，胸鰭與腹鰭則為純紅色。雖然有些魚的外表長得跟七星斑相像，但七星斑特有的圓形尾鰭讓他獨樹一幟。這款魚多半藏匿在洞穴或礁岩下緣，讓海水魚愛好者鮮有機會能看到牠驚人的體色。魚隻成長速度飛快，可長至 45 公分，夠大且具備強力過濾系統的魚缸才養得起七星斑。分布範圍從紅海到太平洋中部，七星斑為肉食性，常在珊瑚礁覓食；在魚缸環境，可投餵小型冷凍魚及魚肉等食物。可與無脊椎動物和平共處，但不可與小型魚混養。

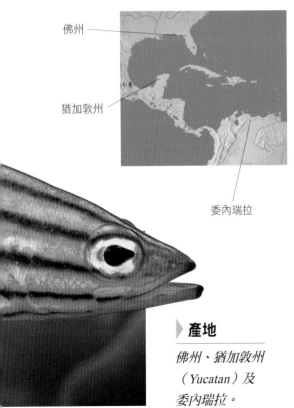

▶ **產地**

佛州、猶加敦州（Yucatan）及委內瑞拉。

馬爾地夫藍眼海金魚（絲鰭擬花鱸 *Pseudanthias squamipinnis*）

擬花鱸（*Pseudanthias*）屬是個大屬別，包含許多魚種，在野外會成群出現，一群裡多數為母魚組成的後宮，配上極少數的公魚。一旦強勢公魚離開群體，另一隻母魚將會轉換性別補上空缺。馬爾地夫黃金燕尾鰕虎（金黃異齒鳚 *Ecsenius midas*）常利用相似的體色混入馬爾地夫藍眼海金魚的魚群中以確保安全。

母魚身上為金色與橘色，一道淺桃紅色條紋從眼睛往斜下方延伸，橫越過鰓蓋，魚鰭呈金黃色。公魚偏紫紅色，頭部略帶紅色，鰓蓋上的條紋則變成黃色，每個魚鰭邊緣皆為紫色，背鰭第三根鰭條拉長，尾鰭尖端延伸形成琴尾。雖然在野外是群居魚種，但家庭魚缸的大小可能不足以讓幾隻擬花鱸和平共處，建議只養單公或幾隻母魚即可。

天生衝浪客

這些海金魚棲息在靠近破浪帶（*surf zone*）的珊瑚礁壁，因此，魚缸環境不只要仿造出適合的礁石假山，同時要造浪才能讓魚隻覺得賓至如歸。有些專家把馬爾地夫藍眼海金魚視為「令人想要入手但纖細嬌病」的魚種，他們建議用活的豐年蝦成蝦來誘食開口，再慢慢轉換食物使牠們適應人工投餵。

▶ 飼養資料

適合飼養量：一缸一隻（若缸子空間夠且單養這款魚，那麼可以多幾隻）
混養或單養：混養
游動範圍：全水域
食性：大部分的餌料，特別是魚肉以及活的豐年蝦成蝦
相容性：除非魚缸大到可以養一群已經建立好地位關係的魚群，否則公魚間會常發生打鬥
流通度：偶而出現（野生採集個體）
人工繁殖：無相關資訊

體長：15 公分

右圖：即使是在展示缸中，馬爾地夫海金魚仍會聚一小群漫遊於牠們的領域中。潛水客常在沉船或珊瑚間發現這些色彩繽紛的魚成群出現。

公魚背鰭的第三根鰭條會拉長，並有著豎琴狀的尾鰭。

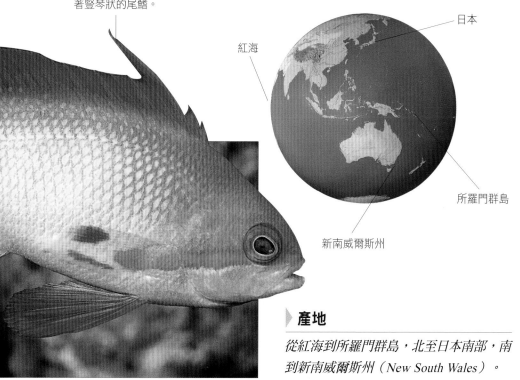

日本

紅海

所羅門群島

新南威爾斯州

▶ **產地**

從紅海到所羅門群島，北至日本南部，南到新南威爾斯州（New South Wales）。

鳚魚與鰕虎

鳚科（*Blenniidae*）與鰕虎科（*Gobiidae*）的成員有很多共通特徵：牠們體型都很小、身型呈圓筒狀、多底棲在海床上。大部分為肉食性，牠們多數時間都在一塊區域覓食，一旦感覺遭受威脅就會快速衝向附近的洞穴或岩石堆之間。[1]

外表上，牠們看起來像是同科，但近年研究顯示鳚科與鰕虎科具有非常大的差異。鳚科只有一個背鰭，背鰭不中斷，與背部連接的基部比鰕虎的來得更長；鰕虎科則有兩個不相連的背鰭。另一個用來區別二者的特徵是鳚科魚的腹鰭不相連，鰕虎的腹鰭融合在一起成為一顆可以讓鰕虎固定自己位置的吸盤。還有一個可以幫助我們辨別牠們的方法，鳚科魚頭上長著貌似眉毛的怪東西，這東西被稱為「皮瓣」（Cirri）[2]，鰕虎則沒有此構造。

數款鰕虎已於人工環境下成功繁殖。鰕虎多半待在底部的洞穴裡，有的甚至跟無脊椎動物共享巢穴，例如槍蝦。一些鳚魚會擬態，例如馬爾地夫黃金燕尾鰕虎（金黃異齒 *Ecsenius midas*）為了維護自己安全而讓自己的模樣變得與別的魚隻相像，但另外一些鳚魚則為了更損人利己的原因，特別像縱帶盾齒鳚（*Aspidontus taeniatus*）模仿魚醫生瓢瓢是為了讓自己能獲得一頓好料的。所以買魚時要仔細挑選，別買錯了。

---

1 採取倒游方式，由尾部先行入洞，只留下頭部在外注意威脅。
2 皮瓣的功能至今未明。

上圖：雷達（*Nemateleotris sp.*）
是海水展示缸中引人注目的焦點。
顏色非常鮮豔，在魚缸燈光下好
似會發光一般。

　　為方便起見，擁有相似體型的線塘鱧及鰭塘鱧[3]常常跟鰕科、
鰕虎被放同一章節一併介紹，不過嚴格而論，牠們屬於蚓鰕虎科
（*Microdesmidae*），跟鰕科魚或鰕虎的行為不同，蚓鰕虎科在魚缸中的
大部分時間都不會待在底砂。藉由大幅延伸的背鰭鰭條可以輕易把牠們
從鰕科、鰕虎中區辨出來。

3　原文使用 Dartfishes，並非學術分類用詞，該英文名包含雷達在內的線塘鱧
（*Nemateleotris*）以及噴射機在內的鰭塘鱧（*Ptereleotris*）等魚種。

雙色鰕虎（二色無鬚鳚 *Ecsenius bicolor*）

「雙色」一詞可從兩個角度理解：單純用來描述魚身兩截顏色，或者不同時期的迴異表現。一般而言，魚身前半截是深藍色到棕色，後半截則是鮮黃色，背鰭分成兩個區域，各自反映連結魚身位置的顏色，臀鰭與尾鰭則是黃色。兩道彎曲的「眉毛」（即「皮瓣」）出現在眼睛前方。

　　雙色鰕虎顏色有兩種變化，包括：全棕的模樣；上半深色、下半藍灰色，中間由一道水平白帶分隔的模樣。兩種模樣的相同處在於尾鰭與魚身後半段都是黃色的。另外還有一種繁殖期的顏色表現，此時公魚轉為紅色，身上有縱向白色條紋，而母魚則變成黃色。

馬爾地夫

琉球群島

大堡礁

▶ **產地**

東起馬爾地夫，北至琉球群島，南至大堡礁。

尖牙

即使牠們離開相對安全的底砂時，這類魚仍然不太會被獵食，因為牠們有著犬齒，這不只是牠們保護自己的武器，也讓牠們獲得 Fang（劍齒）或 Sabre-tooth（軍刀牙）的名號。

體長：10 公分

▶ 飼養資料

適合飼養量：一缸一隻（若在一個獨立、夠大、單養這款魚的缸子，也許可以多幾隻）

混養或單養：平和的混養缸，或有大量躲藏處的單養缸

游動範圍：底棲

食性：所有餌料皆可

相容性：害羞且性情平和，不可與大的魚隻混養

流通度：常態性出現（野生採集個體）

人工繁殖：無相關資訊

月眉鴛鴦

（*斯氏稀棘鳚 Meiacanthus smithi*）

這隻非常聰明的魚大約 8 公分，有著藍灰色的魚身，上頭的深藍背鰭帶著白緣，臀鰭為藍色。不像這屬別的部分魚隻，月眉鴛鴦帶黑色條紋的尾鰭略呈圓形，而非琴尾狀。一條始於眼睛的藍緣黑線往斜上方拉起。

這屬別的魚隻比大部分的鳚科魚要大膽，敢四處游動，由於有個具有完整功能的魚鰾，相較於其他侷限於底砂上的親戚們，月眉鴛鴦可以毫不費力地游到中層水域探險。

另一款偽短帶鳚（*Plagiotremus phenax*）的外型模仿月眉鴛鴦，屬於一種擬態，不過偽短帶鳚有著稍寬、前端較為圓滑的背鰭，以及帶黑緣的臀鰭和有稜有角的三角形尾鰭，且偽短帶鳚眼睛上少了那條黑線，藉著上述特徵仍能分辨二者。學會分辨這兩款魚是很重要的事，因為月眉鴛鴦的性情平和，但偽短帶鳚絕非如此。

公魚和母魚的體色有時是不同的，例如牠們在繁殖期的都會換變化體色。

大帆鰕虎（蘭道氏鈍塘鱧 *Amblyeleotris randalli*）

七道縱向橘紅色帶截斷藍灰色的魚身，兩個背鰭皆為黃色，第一背鰭靠近基部處生有一個深黑色眼斑，胸鰭、腹鰭、臀鰭與尾鰭皆與魚身顏色相同。

除大帆鰕虎外，另有七種魚隻擁有此類型體色與花紋，包含施氏鰕虎（史氏鈍塘鱧 *A. steinitzi*）和孫氏鈍塘鱧（*A. sungami*），前者嘴上有塊黑色區域、背鰭無眼斑，後者鰭部無顏色亦無黑色區塊。

斑點鈍鯊

（斑點鈍塘鱧 *A. guttata*）[4]

鈍塘鱧屬（*Amblyeleotris*）的魚隻會跟槍蝦（Alphaeid）一起住在洞穴裡。由於槍蝦這些甲殼類常為全盲或視力不佳，他們跟鰕虎之間締結成一個運作良好的共生關係：由槍蝦來挖洞，由鰕虎放哨守衛。斑點鈍鯊身上佈滿紅棕色斑點，斑點分布延伸至背鰭、臀鰭與尾鰭上。

飼養資料

適合飼養量：一缸一隻
混養或單養：混養，或有底砂深度足以讓牠們挖掘容身的單養缸
游動範圍：底棲
食性：所有富含魚肉的餌料
相容性：性情平和
流通度：偶爾出現（野生採集個體）
人工繁殖：無相關資訊

---

4 譯按：雖然中文俗名中有鯊字，但跟鯊魚一點關係都沒有，大小也僅 11 公分。水族店家常把斑點鈍鯊以及點帶范氏塘鱧（*Valenciennea puellaris*）都稱為「橘點蝦虎」。

體長：9公分

▶ 產地

摩鹿加群島（Moluccas）以東至所羅門群島。北起琉球群島，南至大堡礁。

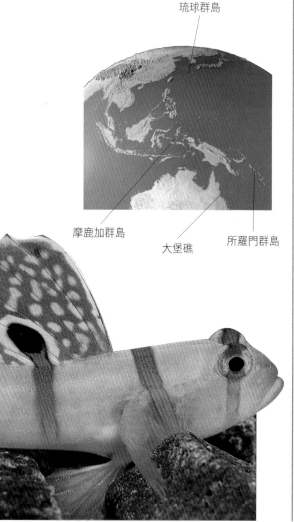

琉球群島

摩鹿加群島
大堡礁
所羅門群島

金頭鯊

（*紅帶范氏塘鱧 Valenciennea strigata*）

第一眼看到這款身體有著柔柔的藍色以及黃色頭部的魚會聯想起頜魚科的小白兔鰕虎（*Opistognathus aurifrons*）[5]，然而，擁有兩個背鰭（在魚隻長大為成魚後第一背鰭鰭條常會延伸）顯示金頭鯊屬於鰕虎科，亮藍色的花紋斜斜地往上越過鰓蓋是另一個可供區辨金頭鯊與小白兔鰕虎的特徵。

這個屬別會自己挖洞，無須倚賴槍蝦。在野外，他們有特殊的吞砂動作，透過這個動作他們可以吃掉藏在砂粒中的小蟲及甲殼類。金頭鯊適合飼養在平和的混養缸或者單獨一缸，成體可長至 18 公分。

金頭鯊一般被歸類為 *Sleeper goby*，這個詞彙以往被用來指稱塘鱧科（*Eleotridae*）的魚種，不過金頭鯊是定棲型的魚種。[6] 范氏塘鱧屬別（*Valenciennea*）的魚種可以透過嘴部的動作來溝通，不過訊號究竟是透過聲音還是透過視覺傳遞？答案至今未明。

5　譯按：亦被稱為金頭鴛鴦、黃頭鴛鴦，屬於後頜魚科（Opistognathidae），非鰕魚或鰕虎。
6　譯按：塘鱧科包含的魚種有淡水也有海水，而且有洄游習性。跟鰕虎科有一個明顯的不同，塘鱧科的腹鰭並未特化為吸盤。

紅線鰕虎（*雷氏鈍鰕虎 Koumansetta rainfordi*）[7]

這隻魚的花紋讓人想起甜心草莓（*Liopropoma rubre*，見 156 頁），不過紅線鰕虎身體底色是帶綠的黃色，紅色的水平線條也細得多。有兩個眼斑，一個位於第二背鰭的基部，另一個位於尾柄頂端。第一背鰭、臀鰭、胸鰭與腹鰭皆為透明、無花紋。魚隻頭型看起來沒有甜心草莓那般圓鈍，背部與腹部輪廓對稱，這顯示紅線鰕虎待在中層水域的時間跟牠待在底部的時間一樣多。

環帶鯊

（*尾斑鈍鰕虎 Amblygobius phalaena*）

環帶鯊的體型碩壯而流線，魚身底色為灰綠色，縱向白色與黑色線條在魚身相間輪替。成體可長至 15 公分，棲息於西大平洋，分布範圍從蘇門答臘（*Sumatra*）到大堡礁以及新南威爾斯州。

▶ 飼養資料

適合飼養量：一缸一隻
混養或單養：混養，或有底砂深度足以讓牠們挖掘容身的單養缸
游動範圍：中層與下層
食性：所有富含魚肉的餌料
相容性：性情平和
流通度：偶爾出現（野生採集個體）
人工繁殖：無相關資訊

7　譯按：原文做 Amblygobius rainfordi，這是舊的學名，現在紅線鰕虎已被重新放到 Koumansetta 屬，故學名應該更正為 Koumansetta rainfordi。

體長：6.5 公分

▶ 產地

菲律賓以南到澳洲西北部以及大堡礁。

澳洲西北部　　　菲律賓

大堡礁

橙色葉蝦虎

（*Gobiodon citrinus*）

英文俗名 *Citron* 指香櫞，用來描述這款魚呈檸檬黃的魚身及魚鰭顏色，惟背鰭帶些深色漸層。幾條亮眼的電光藍線讓一致的體色出現變化，線條沿著背鰭與臀鰭基部延伸，另外兩條往下越過鰓蓋後方，還有兩條從眼睛輻射而出。不過，這款魚的體色並非隻隻相同，有的個體呈現全綠或全咖啡色。

橙色葉蝦虎有兩個獨樹一格的特徵。首先，不像其他的蝦虎，這款魚不是底棲魚種，牠喜歡待在長在礁岩的珊瑚分支間，這讓牠獲得另外一個俗名 *Coral goby*（珊瑚蝦虎）。其次，橙色葉蝦虎的體表被一層苦味黏液所覆蓋，能保護牠免於被獵食。這款性情平和的魚種接受所有的餌料，成體可長至 6.5 公分。

霓虹鰕虎（*Elacatinus oceanops*）

即使能入手的鰕虎品種越來越多，霓虹鰕虎這個老面孔仍然是其中最受歡迎的一種。

深藍色魚身、白色下側，更搶眼的是始自吻部、往後延伸整個魚身長、閃閃發亮的電光藍線，配色簡單卻引人注目。有幾款被稱為「清道夫」的鰕虎，霓虹鰕虎為其中之一，要辨別霓虹鰕虎可以留意魚身左右兩道藍線在吻部並未相交，中間有道斷口，其他魚種若不是兩線連接，就是斷口中間多了一個點。

霓虹鰕虎在野外多待在岩石縫隙或洞穴中等待食物或需要「清潔服務」的客戶上門。牠的花紋讓人聯想起醫生魚飄飄，以會「清潔潛水員的手」而聞名。

不幸地是，即使霓虹鰕虎生命力強、好養，讓牠成為海水缸的絕佳選擇，但牠的壽命極短，如果想要延長擁有牠們的時間，那麼最好從幾隻亞成魚養起，而非購買一、二隻已經長大的成魚。

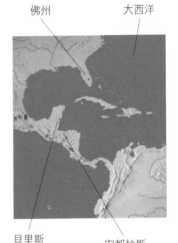

佛州　　　　大西洋

貝里斯　　　宏都拉斯

▶ *飼養資料*

適合飼養量：一缸兩到三隻
混養或單養：平和的混養缸，或設有岩穴的單養缸
游動範圍：底棲
食性：所有餌料皆可
相容性：性情平和，甚至對大魚都很大膽
流通度：常態性出現（人工繁殖個體）
人工繁殖：長期以來都有人工繁殖

體長：5 公分

▶ 繁殖

最早被人工繁殖的鰕虎之一。霓虹鰕虎將卵產在岩石的洞穴中，或空的管蟲洞、塑膠水管以及任何型式方便產卵的固體表面。公魚會護卵，仔魚一旦孵化即可自由游動，牠們會快速成長，在幾個月內成熟。

▶ 產地

佛州、貝里斯（Belize）及宏都拉斯（Honduras）附近的大西洋西部水域。

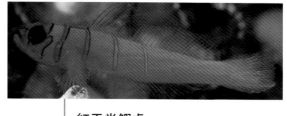

紅天堂鰕虎

（藍帶血鰕虎 Lythrypnus dalli）

從牠華麗的體色就可以知道這是一款長青熱門海水魚。魚身通紅，上面疊著幾條縱向亮藍條紋。第一背鰭的頭幾根鰭條延伸拉長。美麗血鰕虎（L. pulchellus）長相與之相似，但縱向條紋數較多，體色亦不如紅天堂鰕虎紅豔。紅天堂鰕虎接受魚肉餌料，更喜歡小型活餌，成體可長至 5.7 公分。性情平和，不過對於同類魚隻會展現出領域性。

這隻魚的壽命跟一些淡水鰕魚（Killifishes）差不多，換言之，只能活一年多。[8] 紅天堂鰕虎的棲地比一般熱帶海水魚要高緯很多，故無須以高水溫飼養牠，水溫高反而會進一步縮短牠本來就短暫的壽命。有在魚缸人工繁殖的記錄。

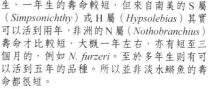

8 譯按：鰕魚其實可分為一年生與多年生，一年生的壽命較短，但來自南美的 S 屬（Simpsonichthy）或 H 屬（Hypsolebias）其實可以活到兩年，非洲的 N 屬（Nothobranchius）壽命才比較短，大概一年左右，亦有短至三個月的，例如 N. furzeri。至於多年生則有可以活到五年的品種。所以並非淡水鰕魚的壽命都很短。

紫雷達（華麗線塘鱧 *Nemateleotris decora*）

此屬別擁有高人氣是一點也不讓人意外的事。這隻魚的體色讓人屏息，而且紫雷達還非常願意展示牠自己！圓筒狀身軀是乳黃色，外圍繞著紫色與紅色的魚鰭，第一背鰭的首根鰭條彷彿旗幟般永久豎立，前額的紫色護面逐漸收窄成線，往上一路拉至背部並與背鰭連接。

喜歡成群游在水中層，等待水流帶來食物，但牠們仍需要待在洞穴附近，一旦感受到威脅牠們便藏身洞穴中。缸中擺放適量岩石是讓這些漂亮魚隻能順利適應人工環境所不可或缺的條件。

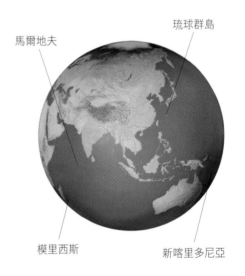

▶ 產地

模里西斯（Mauritius）以東，經馬爾地夫，北至琉球群島，南至新喀里多尼亞。

琉球群島

馬爾地夫

模里西斯

新喀里多尼亞

▶ 飼養資料

適合飼養量：一缸兩到三隻
混養或單養：平和的混養缸，或單養缸
游動範圍：中層與下層
食性：所有富含魚肉的餌料
相容性：性情平和且害羞
流通度：常態性出現（野生採集個體）
人工繁殖：長期以來都有人工繁殖

體長：9 公分

纖細苗條的魚身能讓牠輕鬆
完成「快速進洞」的任務。

線塘鱧屬別的特色就是有著
很長的第一背鰭。

左圖：雷達（絲鰭線塘鱧 *N. magnifica*）擁有比紫雷達更高聳的背鰭，這款魚在牠們的野生棲地有時是單隻、有時是成對、也有時是成群被發現。體長可達 7 公分。

箱魨、角魨及河魨

這章節介紹的魚其實集合了幾個科別的魚種，但牠們擁有同樣的體型以及相似的物理特徵，為了方便起見，我們還是把牠們放在一起介紹。

　　這些魚的外層構造特別引人好奇。箱魨與角魨的外層由骨版形成堅硬的外骨骼；河魨外表有兩個特徵：佈滿能立起的小刺（Erectile spines）[1]以及牠們具有讓自己身體膨脹到能嚇阻對方的能力。其中部分成員甚能至在受到威脅或感覺緊迫時釋放自身產出的毒素來防衛自己，所以處理牠們須小心謹慎，並記得在運輸時永遠一袋打包一隻。如果一隻魨類死在魚缸中且未能被即時發現，從魚隻屍體滲出的毒素有可能將一整缸活體通通毒死。

　　儘管存在前面提到的風險，這些魨類魚隻其實很適合在魚缸中飼養，牠們很快地就會變得溫馴，還會知道何時是放飯時間。考量到成體的大小，市面上流通的都是幼魚，這體型也比較適合魚缸水量適中、缸中不養無脊椎動物的海水魚飼養者。

1　譯按：這些小刺是由鱗片特化而成，也是為何河魨外皮摸起來十分粗糙的原因。

下圖：角魨是有著奇特外貌的生物，尤其從正面看牠更覺如此。當你接近缸子前面玻璃時，牠們會緩緩過來跟你互視呢！

牛角（*角箱鮋 Lactoria cornuta*）

許多海水魚被挑來飼養是因為牠們具有稀奇古怪的特徵，從這個角度，應該再沒有魚比牛角還要更奇特了。這款魚把牠的骨頭穿在外面，全身罩著堅硬的骨板，尾柄露出處是為了生長而唯一未被盾甲覆蓋的地方。兩根「牛角」從方形的頭上突刺而出，不難想見這隻魚的名字從何而來。嘴部開口向前，[2] 前額極陡，嘴部位於頭部底處的尖端，便於牛角獵食藏在底砂中的無脊椎動物，其獵食方法藉由嘴部噴出一道水流，翻起藏在底部的獵物，並趁下落時獵捕牠們。

尾鰭以及背鰭未被盾甲覆蓋，是牛角箱型身體上唯二能活動的地方

頭部的兩支「牛角」讓牠獲得這個名副其實的名字。

▶ 飼養資料

適合飼養量：一缸一隻
混養或單養：單種飼養，或與性情溫和且泳速緩慢的魚種混養
游動範圍：中層與下層
食性：幾乎接受所有的餌料，喜歡綠色植物加上貝類。貝類有助於牛角磨短牙齒
相容性：別跟小型魚隻或無脊椎動物混養
流通度：偶爾出現（野生採集個體）
人工繁殖：無相關訊息

2　魚隻嘴型按開口按位置與方向分為三種，跟該魚種覓食的對象有關。最常見的口部開口向前，稱為 Terminal mouth，多屬中層水域的魚種；開口向上方便食用水面的食物，

體長：45 公分

▶ **產地**

從紅海到馬克薩斯群島（Marquesas）及土阿莫土群島（Tuamotu），北起南韓、日本南端，南至豪勳爵島。

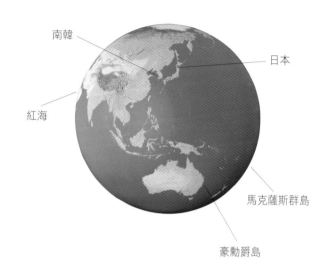

南韓

日本

紅海

馬克薩斯群島

豪勳爵島

下圖：這個角度可以突顯出位於這隻迷人魚種前端「角落」的嘴巴，牛角就是用嘴巴把無脊椎動物弄出底砂。

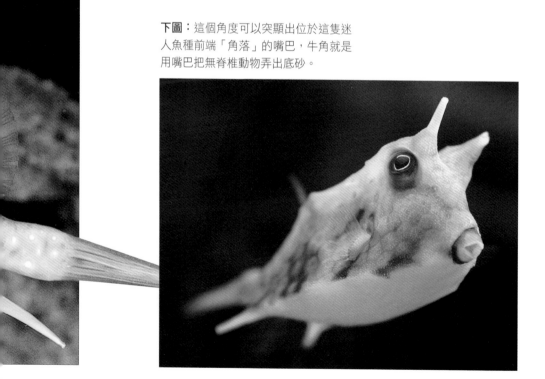

稱為 Superior mouth，多屬上層魚種；開口往下的稱為 Inferior mouth，底層魚種有之。
雖然牛角的嘴部開口向前，但食物多在底砂內。

黑木瓜 *(米點箱魨 Ostracion meleagris)*

黑木瓜擁有兩種表現不同的花紋，以致於之前一直被認為是兩款魚，實際上只是同一種魚公母性別的表現罷了。

公魚擁有最漂亮的花紋，魚身不同花色的兩區域被一條黃線所分隔：背部是黑色的，黃線下方部分則是藍色。除了頭部，身上其餘部分都散佈著帶藍緣的黃色斑點。腹鰭已經退化，游動主要倚靠生長在身體後方的背鰭與臀鰭。母魚有著黑色身體，上面佈滿白色斑點。

在野外，黑木瓜以海綿和底棲無脊椎生物為食。

公魚外表由兩種花紋所組成，母魚（圖片下方）則全身散佈著一致的斑點。

▶ **產地**

東非經夏威夷至墨西哥，北起日本南端，南至大堡礁以及太平洋中部島嶼。

體長：16 公分

東非

大堡礁

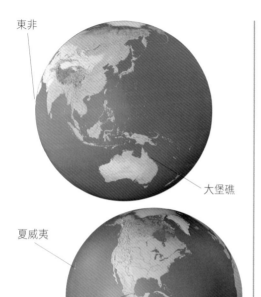

夏威夷

墨西哥

太平洋中部島嶼

▶ *飼養資料*

適合飼養量：一缸一隻

混養或單養：單種飼養，或與性情溫和且泳速緩慢的魚種混養

游動範圍：中層與下層

食性：幾乎接受所有的餌料，喜歡綠色植物加上貝類。貝類有助於黑木瓜磨短牙齒

相容性：別跟小型魚隻或無脊椎動物混養

流通度：偶爾出現（野生採集個體）

人工繁殖：無相關訊息

黃木瓜

（**粒突箱魨** *Ostracion cubicus*）

黃木瓜來自紅海與印度-太平洋的熱帶海域，其年輕個體彷彿黃色的小骰子，黑點恣意地散落在鮮黃底色上，這也許是一種告誡掠食者的警戒色。當遭到攻擊或受驚嚇時，黃木瓜會釋放箱魨毒（*Ostracitoxin*）至水中。可長至 45 公分，成魚會失去原先鮮豔外衣，轉為單調的棕色。這隻魚較為好養，接受大部分的餌料，不過剛下缸時應特別留意，避免讓魚隻過度緊迫，否則黃木瓜會分泌毒素到水中，可能因此毒死整缸魚隻，包含牠自己。基於相同理由，也不應將黃木瓜與具有攻擊性或性情激動、過於活潑的魚種混養。

小惡魔（許氏短刺魨 *Chilomycterus schoepfii*）[3]

小惡魔的體型像一滴水平放倒且拖長的淚珠，背部寬而平坦，大眼位置靠近上方。一系列深棕色條紋覆蓋黃色魚身，幾顆深色大斑點散佈身上。身上棘刺永遠豎立，具有嚇阻掠食者的效果，雖然小惡魔無法像大部分同類能膨脹身體，但硬刺讓小惡魔同樣難被掠食者吞下。這款魚不常處現在水族店家。

佛州

巴西

較矮的身型讓小惡魔可以埋伏在洞穴或狹窄縫隙間。

3　譯按：另有一中文名，稱為「皮卡丘魨」。

上圖：六斑刺龜身上這些躺平的硬棘能馬上豎立起來，變成如刺蝟般的防禦。

▶ 產地

在佛州十分常見，出現在佛州以南到巴西的水域（加勒比海島嶼除外），偶爾甚至會出現在佛州以北。

▶ 飼養資料

適合飼養量：一缸一隻
混養或單養：單種飼養，或與性情溫和且泳速緩慢的魚種混養
游動範圍：中層與下層
食性：幾乎接受所有的餌料，喜歡綠色植物加上貝類。貝類有助於小惡魔磨短牙齒
相容性：別跟小型魚隻或無脊椎動物混養
流通度：偶爾出現（野生採集個體）
人工繁殖：無相關訊息

六斑刺龜

（*六斑二齒魨 Diodon holocanthus*）

魚身有些偏黃，腹部則是白色的。幾道深色短帶橫越背部，其中一條特長的蓋在眼睛與鰓蓋上。背鰭、臀鰭與尾鰭為黃色。二齒魨科（*Diodontidae*）的特色是無論上顎或下顎，兩顆門牙都併在一起，不留縫隙，造就一個能咬碎帶殼無脊椎動物的嘴巴，其屬名 *Diodon* 意思就是「兩顆牙齒」。六斑刺龜游泳能力不佳，大大的眼睛可能代表這隻魚在夜晚覓食的頻率超過白晝。

這些能膨脹的魨類有個共通的問題，他們都能用空氣膨脹，無須藉由水，特別當他們離水中時，但藉由空氣膨脹後，消氣放風反而變成一件很困難的事情。[4]

六斑刺龜可長至 50 公分，分布於世界各地的溫暖海域。建議單種飼養，或與性情溫和且泳速緩慢的魚種混養，不可跟小型魚隻或無脊椎動物放在一起。餵食方面與小惡魔相同。

小心處理

所有二齒魨科的成員都會因為緊迫而分泌毒素，並毒死自己。不要用網子撈捕他們，也不要把魚隻撈離水面，否則他們可能會膨脹起來。建議用裝滿水的塑膠袋來撈捕（但要小心身上的刺）。

4　譯按：在水中多半藉由吞嚥海水到胃中來讓自身膨脹。

日本婆（瓦氏尖鼻魨 *Canthigaster valentini*）[5]

魚隻的白色身體上有著罕見花紋，四片三角形黑塊出現在背側，分佈位置從頭部上方到尾柄，中間兩塊向下延伸，經側面到魚腹。此外，魚隻腹側佈滿黃棕色斑點，黃色的尾鰭帶有黑色上下緣。

雖然聽起來非常特殊，但日本婆並非唯一擁有這種花紋的魚種，鋸尾副革單棘魨（*Paraluteres prionurus*，又被稱為「假日本婆」）有著一模一樣的樣貌，唯一差別是在於尾鰭缺乏黑色上緣與下緣。

公魚們通常被一大群母魚所組成的後宮所圍繞，牠們會定期輪流交配，卵會被產在藻類構成的巢穴裡。

跟另一款模樣相似的角尖鼻魨（*C. coronata*）相比，日本婆的中央黑色區塊延伸到更下方。

▶ 飼養資料

適合飼養量：一缸一隻
混養或單養：單種飼養，或與性情溫和且泳速緩慢的魚種混養
游動範圍：中層與下層
食性：幾乎接受所有的餌料，喜歡綠色植物加上貝類。貝類有助於日本婆磨短牙齒
相容性：別跟小型魚隻或無脊椎動物混養
流通度：偶爾出現（野生採集個體）
人工繁殖：無相關訊息

5　譯按：台灣稱呼牠為日本婆，主要因為某些日本老婆婆在頭上包覆頭巾的模樣跟魚隻的黑色塊斑形成的圖像十分相似，類似的老婆婆形象常出現動畫中。

體長：10 公分

▶ 產地

分布廣泛，包含紅海至土阿莫土群島，日本南部到豪勳爵島。

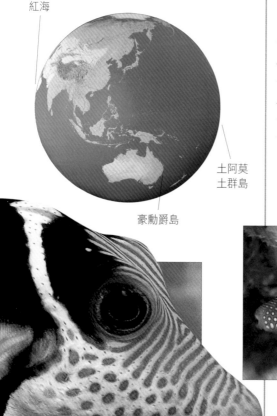

紅海

土阿莫土群島

豪勳爵島

藍點日本婆

（*索氏尖鼻魨 Canthigaster solandri*）

這款花紋華麗的魚種來自印度 - 太平洋以及紅海，有著金棕色魚身，尾鰭覆蓋著白色斑點。魚身背側的藍色波形線取代白色斑點，一顆帶白緣的大黑點出現在背鰭基部。魚隻游動時會將尾鰭折疊起來，沒有腹鰭。[6] 藍點日本婆性情平和，不過對於同類並非如此，在魚缸中別與無脊椎動物混養，那些是他們的食物。餵食上可以選擇切碎的魚肉，成體僅 5 公分。

上圖：別給河魨膨脹的機會，避免讓他們離開水面，當撈捕、運輸他們時使用裝水的塑膠袋，不要使用魚撈網。

6　譯按：四齒魨科的游動動力主要來自胸鰭，尾鰭主要控制方向，功能如船舵。

其他魚種

這本書最後一章節介紹的魚隻來自數個不同科別。天竺鯛科
（*Apogonidae*）是海水缸的理想選擇，牠們要求不高，對魚缸環境與
食物的適應力很強。天竺鯛魚種的共同特徵是兩個不相連的背鰭。鰧科
（*Cirrhitidae*）喜歡棲息在岩石高突處等候牠們的獵物游過，這是缺乏魚
鰾的魚隻典型行為。鰧科能很快地適應魚缸環境，但混養不同鰧科可能
導致彼此追打。

緩緩游動的獅子魚（鮋科 *Scorpaenidae*）營造出祥和假象，其獵食
動作卻迅如奔雷、快如閃電，血盆大口能吞下任何經過的獵物，有毒的刺
可以嚴重螫傷不小心的人。由於鮋科魚種在野外多於清晨與黃昏時分活
動，所以不應使用太亮的魚缸環境飼養牠們。單棘魨科（*Monacanthidae*）
的魚隻有兩片背鰭，魚隻靠擺動第二背鰭跟臀鰭作為游動的動力來源，
魚表摸起來十分粗糙，導致使用網子撈捕時牠們常出問題，建議使用塑
膠袋來撈捕。

後頜魚科（*Opisthognathidae*）的魚需要較為寧靜的魚缸、性情平和
的「室友」，以及方便牠們挖掘的軟質底砂。牠們多半尾鰭朝下、垂直
如站立地徘徊在挖好的洞穴入口附近，一遇危險牠們會閃電般用倒退嚕
的方式退入洞穴。因為底砂的緣故，鰧科（*Callionymidae*）魚不好被發
現，牠們一生都在底砂上度過。 科魚種需要大量的活餌，別把牠們跟太
大的魚隻養在一起，那些魚隻會讓牠們難以搶到足夠的食物。

上圖：獅子魚的硬棘內含毒腺。牠是公共展示缸的明星，泳姿優雅，彷彿在漂浮般，常讓人忽略了牠們此時正在虎視眈眈地搜索獵物。

泗水玫瑰（*考氏鰭天竺鯛 Pterapogon kauderni*）[1]

每隔一段時間就會出現一款魚迷住所有的海水魚愛好者，泗水玫瑰就是這樣的魚種。銀與黑的外貌引人注目，讓人聯想起淡水神仙魚——斯卡神仙（*Pterophyllum scalare*），只是泗水玫瑰再多上一、兩個裝飾。尾柄頂端與底端各有一條帶白邊的黑色線條，一路往後延伸，直到尾鰭尖端。巨大的腹鰭以及臀鰭彷彿跟兩片背鰭互成倒影，全身佈滿白色小斑點。

泗水玫瑰於 1990 年被發現於印尼蘇拉威西的邦蓋群島（Banggai Islands），至今已證明這款魚非常能適應人工飼養環境，許多公共水族館都能夠隨意繁殖這款口孵（mouthbrooders）魚種。[2] 這意味未來泗水玫瑰在水族市場的供應應該不成問題，人工繁殖也讓野外的族群能自然繁衍，免於撈捕的威脅。鑑於此，如果哪天在自家魚缸忽然發現泗水玫瑰生了也別太驚訝。

▶ 飼養資料

適合飼養量：一缸兩隻或三隻
混養或單養：單種或混養皆可，但別跟大魚放在一起
游動範圍：中層與下層
食性：所有富含魚肉的餌料，無論新鮮或冷凍的，加上活豐年蝦
相容性：性情平和，同種間偶爾會發生一些小追打
流通度：雖然最近才被引進，但數量充足（野生採集個體，不過馬上就進入人工繁殖階段）
人工繁殖：常見於公共水族館，在玩家缸子繁殖的數量亦迅速增加中

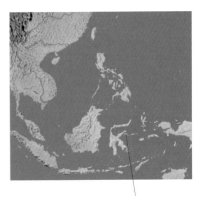

邦蓋群島

1　譯按：泗水（Surabaya）位於印尼爪哇東北角，為印尼第二大成。國人常去的峇里島（Bali）位於泗水東南方約四百公里，泗水玫瑰又被稱為「峇里天使」。

體長：8 公分

白色斑點是這隻
魚天生的模樣，
別把它當成白點
病囉！

上圖： 如果下巴變成
方形、看起來很厚，
代表公魚正在喉部孵
化地的卵。

▶ **產地**

印尼蘇拉威西的
邦蓋群島。

泗水玫瑰的繁殖

雖然有時可以買到明顯成對的魚隻，但
最好還是一次買一小群，接著祈禱裡面
有公有母，然後還要能配成對。

　　一開始就像一般魚隻產卵
（*Egglayers*），魚卵被產出並受精，
但之後就不同了。公魚會將卵含在嘴中
孵化，即使仔魚已經破卵而出，他們仍
會待在公魚嘴中，公魚的嘴是仔魚的防
護罩，讓他們免受掠食者攻擊。當仔魚
們游出時，他們已經長得像超級迷
你版的成魚了，仔魚會馬上躲進長
棘海膽旁（*Diadema sp.*）尋求保護。
不過這是他們在野外的情況，魚缸環境
繁殖泗水玫瑰時，海膽並非必要條件，
但如果沒有海膽，那麼記得要將幼魚與
成魚分隔，至少要等幼魚長大一點才可
放在一起。有些玩家使用人工海膽飾品
也有不錯的效果，當魚缸沒有海膽時，
有些泗水玫瑰幼魚甚至會躲進海葵中。

　　像剛孵化的無節幼蟲（豐年蝦幼
體）以及切得非常碎的糠蝦等，這些對
大一點幼魚都是非常好的食物。等幼魚
再更大時就可以換成顆粒飼料了。

　　由於仔魚很小，繁殖泗水玫瑰或
類似魚種可以在一個小至 *90* 公升水量
的缸子中進行，這個水量方便你使用隔
版，它可用來分隔親魚與幼魚，同時能
保持水流的互通。

2　譯按：泗水玫瑰由母魚產卵後，公魚將卵放在嘴中孵化，孵化期長達二十天，期間
公魚不吃不喝。

紅眼玫瑰（*絲鰭圓天竺鯛 Sphaeramia nematoptera*）[3]

跟前面提到的泗水玫瑰有很多相似之處：魚身寬而厚實，背部與腹部都向外凸出。樣貌非常特殊，魚身後半佈滿深色斑點，魚身前段卻完全沒有斑點裝飾，前段與後段由一條垂直的深色寬帶分隔。第一背鰭有一些花紋，大片的腹鰭呈黃色並帶有白邊。比例上顯得格外巨大的眼睛意味這是一款在夜間活動的魚種，有著紅色眼眶，眼眶兩側各有一垂直白線。

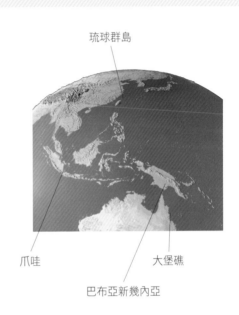

琉球群島

爪哇

大堡礁

巴布亞新幾內亞

▶ 飼養資料

適合飼養量：一缸兩隻或三隻

混養或單養：混養，但別跟大魚放在一起

游動範圍：全水域

食性：所有富含魚肉的餌料，無論新鮮或冷凍的，加上活豐年蝦

相容性：性情平和、害羞，同種間偶爾會發生一些小追打

流通度：偶爾出現（野生採集個體）

人工繁殖：無相關資訊，但有可能在不注意下達成

---

3 譯按：又稱為玫瑰或斑點玫瑰，英文俗名 Pyjama（睡衣）也是取其外表的斑點。

體長：8 公分

▶產地

從爪哇到巴布亞新幾內亞，琉球群島以南至大堡礁。

紅眼玫瑰的花色非常奇特，身體不同區域花紋各異。

金線天竺鯛

（金帶鸚天竺鯛 *Ostorhinchus cyanosoma*）

一如牠的俗名，這款魚流線型的魚身帶著五或六條的水平黃線橫過側面。眼睛很大。從側面觀看金線天竺鯛時，胸鰭、腹鰭以及第一背鰭都對齊在同一條垂直線上，所有的魚鰭都沒有顏色。跟牠長得很像的褐尾天竺鯛（*Apogon nitidus*）[4] 兩者棲地大部分重疊（紅海到馬紹爾群島 *Marshall Islands*，日本南部到大堡礁），但褐尾天竺鯛的黃色區域帶有一絲棕色色調，尾鰭中央還有一條深色線。

金線天竺鯛性情溫和，有的害羞，不會打擾其他魚隻。建議放在混養缸，但不可與大魚一起飼養，接受所有的魚肉食物，新鮮、冷凍的皆可，加上活的豐年蝦。成體可長至 8 公分。

---

4 譯按：金線天竺鯛曾經也被歸類在 Apogon 屬，但目前已經被放在 Ostorhinchus 屬了；至於褐尾天竺鯛則仍留在 Apogon 屬。

尖嘴紅格（*尖嘴鰤 Oxycirrhites typus*）

牠曾經是水族市場上唯一出現的鰤魚（hawkfish）。擁有超長魚吻與下巴，白色魚身佈著鮮紅色方格，讓這隻魚具有極高的辨識度。背鰭與魚身交界區域（背鰭基部）很長，背鰭前段呈尖刺狀，偶爾能看到鰭條尖端的微小觸鬚。這些觸鬚（cirri）[5] 也是鰤科名 Cirrhitidae 的由來。

　　尖嘴紅格與其他同屬魚種都不是很活潑的魚，大部分時間皆待在岩石突起處或魚缸中類似的裝飾物上，當食物出現時牠們才會動身。雖然這隻性情平和的魚隻看起來似乎人畜無害，但對小魚或隨處走動的無脊椎動物仍可能具有危險性。

飼養資料

適合飼養量：一缸一隻
混養或單養：混養，但別和太小的魚隻或無脊椎動物養在一起
游動範圍：中層與下層
食性：所有餌料皆可
相容性：性情相當平和，可能具有領域性。獵物走到附近才張口，非主動獵食的掠食者
流通度：常態性出現（野生採集個體）
人工繁殖：無相關資訊

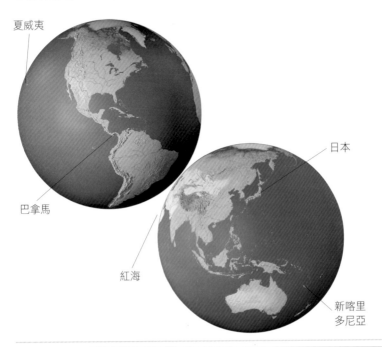

夏威夷

巴拿馬

紅海

日本

新喀里多尼亞

5　譯按：這個字可能讓讀者聯想到第 160 頁鰤科的「皮瓣」，雖英文同為 cirri，惟以皮瓣一詞稱呼鰤科魚眼睛上方如眉毛的部位已屬慣例，此處鰤科背鰭尖端觸鬚則無慣例用法，故以外型譯之。

體長：13 公分

左圖：扁而矮的魚身
有利於讓牠棲息在岩
石突起處並等待食物
經過。

▶ 產地

尖嘴紅格的自然分布從紅海到巴拿馬
（Panama），包含日本、夏威夷及新
喀里多尼亞。

下圖：頸部下緣的那條紅線顯示這
是一隻母魚。

白線格（副鰭 *Paracirrhites arcatus*）⁶

牠的身型輪廓不太對稱，背部高而拱起，腹側則是平的，不過對於這種不需要太常游泳的魚隻而言是不錯的設計。一條橫貫魚隻中線的白帶（不是每隻身上都有）從背鰭中段延伸至尾柄，將魚身分隔成上下兩區：頭部與背部是紅的，側身中線以下區域是黃的。一些呈輻射狀、有紅邊的藍帶出現於鰓蓋後緣。所有魚鰭都是黃色的。外國稱白線格為 Arc-eye hawkfish，因頭部藍、紅、黃三色組成的區域（剛好在眼睛周圍與延伸往後位置）而得名，不過類似的圖案也出現在其他魚種上。

> **欲窮千里目**
>
> 鰭科魚眼睛位置生得特別高，這讓牠們更容易發現獵物。其身型與牠們不太游動的定棲習性搭陪得極好，鰭魚都寧可食物自己送上門，而非自己去獵捕。

這個「眼罩」特徵並非白線格獨有，不過魚身後段那條白帶（如果該個體有的話）有助於認出牠們。

▶ 飼養資料

適合飼養量：一缸一隻
混養或單養：混養，但別和太小的魚隻或無脊椎動物養在一起
游動範圍：中層與下層
食性：所有餌料皆可
相容性：性情平和
流通度：偶爾出現（野生採集個體）
人工繁殖：無相關資訊

6　譯按：又有稱呼其為「馬蹄鷹斑鯛」者。

體長：14 公分

▶產地

從東非到夏威夷，日本南部到諾福克島。

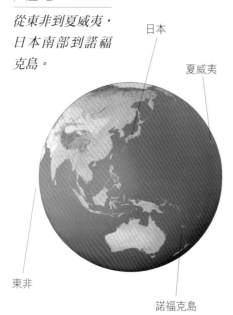

日本

夏威夷

東非

諾福克島

美國紅鷹

（*Neocirrhites armatus*）

這條非常有魅力的魚隻成體僅 7.5 公分，來自太平洋中部及西部海域。美國紅鷹是許多水族玩家爭相入手的魚種，此需求強度讓牠的價格居高不下。美國紅鷹不是一款很擅長游泳的魚種，在野外牠會花上大部分的時間停在岩石及柳珊瑚（如海扇之類）上，等候突襲小型甲殼類與浮游生物。幸運的是，在海水缸中牠不會造成威脅，而且是無脊椎動物混養缸的上選魚種，這類缸子中有牠的身影也顯得更自然。美國紅鷹接受大部分的海水冷凍餌料與適當大小的活餌。一旦在缸中適應良好，牠會願意接受海水薄片飼料，是混養的絕佳選擇。

上圖：鬚科魚英文被稱為 Hawkfish（鷹魚），若從牠們永遠都待在岩石上搜尋食物蹤跡的模樣著眼，這是個相當符合的名字。

短鰭獅子魚（斑馬短鰭簑鮋 *Dendrochirus zebra*）[7]

魚鰭的樣貌複雜、長短不同、大小各異，讓人很說出魚身型狀究竟長得什麼樣。事實上短獅魚身非常厚實擁有高聳拱背以及平坦腹部，若曾計算短鰭簑鮋屬（*Dendrochirus*）的魚隻在缸中會花多少時間待在底砂上，對於牠們的腹部形狀就不會意外了。

　　魚身由深紅棕色與淺棕色的帶狀條紋交互輪替，方向與魚身垂直，相同花紋出現在所有魚鰭上，以同心圓方式排列。大片的扇形胸鰭直到鰭條尖端都有締結組織膜（connecting tissue membrane）[8]。背鰭的頭幾根鰭條未連接在一起，有一對像角的構造長在眼睛正上方。鰓蓋低處的黑色斑點為短鰭獅子魚的獨有特徵。

胸鰭大如翅膀，上面的紋路彷彿蝴蝶花紋，讓人印象深刻。

產地

從南非到薩摩亞，北至日本南部，南至豪勳爵島。

下圖：短獅胸鰭棘條間的締結組織（鰭膜）比同科其他魚種的還要多上許多。

日本

薩摩亞

豪勳爵島

7　譯按：國內水族玩家多以「短獅」稱之，這其實是「短鰭獅子魚」的簡稱。
8　譯按：connecting tissue membrane 相對於 epithelial membranes。前者包含骨膜、髓膜，後者如漿膜、黏膜。此處主要指短獅胸鰭棘條間的那層鰭膜。

體長：18 公分

飼養資料

適合飼養量：一缸一隻
混養或單養：單種飼養
游動範圍：中層與下層
食性：所有食物來者不拒，特愛魚肉製成的餌料
相容性：會獵食小型魚種以及無脊椎動物
流通度：偶爾出現（野生採集個體）
人工繁殖：無相關資訊

象鼻獅子魚
（**雙眼斑短鰭簑鮋** Dendrochirus biocellatus）

相較於關係相近的簑鮋屬（Pterois），這隻較小（成體約 12 公分）短鰭簑鮋的魚鰭沒有延伸得那麼厲害，不過象鼻獅子魚是獅子魚中唯一一款在背鰭後段軟質處生有眼斑的種類，大片如蝴蝶翅膀的胸鰭上有著幾道深色同心圓。另外一個絕無僅有的特徵是上顎上頭長的兩根長鼻鬚。

由於牠們白天多以頭下腳上的倒立姿勢潛伏在突出礁岩的下方，象鼻獅子魚鮮少被目擊在礁岩上頭進行日常活動，唯有夜晚出來獵食時才會被人發現。若與活潑的魚蝦養在一起，象鼻獅子魚可能在搶食餌料時敗陣下來；放在軟體缸則有風險。

長鰭獅子魚（魔鬼簑鮋 *Pterois volitans*）[9]

前面提到短獅，國外海水魚愛好者將牠們歸類為 Dwarf lionfish（侏儒獅子魚），現在要介紹的這款則是大上一號的美麗魚種，正港的真貨——長鰭獅子魚。

　　紅棕色斑紋的魚身被大片魚鰭圍繞，好似孔雀開屏一般。雖然背鰭鰭條彼此互不相連，但前十多根鰭條每根的後面都有鰭膜，讓獅子魚看起來像背上插了羽毛。巨大胸鰭鰭條同樣是分開的，每根都生有與之同長的鰭膜。這些巨大魚鰭具有驅趕獵物到方便獵食處的功能，藉此我們不難想像幾隻獅子魚舞動牠們如披肩般的魚鰭，聯手圍捕牠們下一餐的情景。

　　在公共水族館常可見到長鰭獅子魚刻意地飄在岩表周圍或桌狀珊瑚的下方，相較於牠們小型的親戚短獅，長獅比較不常待在海床底砂上。

馬來西亞　　日本

豪勳爵島　　蒙哲臘島

左圖：這張大嘴正準備突襲任何經過的獵物，而且是一口吞！

▶ **飼養資料**

適合飼養量：一缸一隻
混養或單養：與大型魚隻混養，或單種飼養
游動範圍：全水域
食性：所有富含魚肉的餌料
相容性：具掠食性
流通度：常態性出現（野生採集個體）
人工繁殖：無相關資訊

9　譯按：毫不意外地，長鰭獅子魚常被簡稱為「長獅」。

體長：38 公分

▶產地

從馬來西亞到蒙哲臘島（Pitcairn Island），北起日本南部，南至豪勳爵島。

最好讓你的手跟這些充滿毒液鰭條保持距離[10]。

10　譯按：獅子魚的毒腺主要位於背部鰭條。

龍鬚砲彈（*棘皮單棘魨 Chaetodermis penicilligerus*）[11]

很難描述這款常擬態於海草間的魚種的特徵，魚身呈灰白色，側面低處有些棕色塊斑，較高位置有幾顆深色圓點。其輪廓與真正的表面被流蘇狀的觸鬚（皮質突起）所掩蓋，數條棕色水平細線如樹枝狀排列於魚身。魚鰭幾乎是透明的，僅有些許斑點，連接尾鰭與魚身的尾柄既短且窄。腹鰭退化到只剩單一棘條，小嘴如鳥喙，方便地在海藻與海綿間穿梭及覓食。

如果能適應海水缸的食物，龍鬚砲彈將是相當受歡迎的魚種，值得慶幸的是，這隻魚在家庭海水缸中不太可能長到牠在野外的最大體長。

▶ 飼養資料

適合飼養量：一缸一隻
混養或單養：混養
游動範圍：中層與下層
食性：一旦適應後，接受大部分的食物，包含植物與魚肉餌料；必要時可在初期提供活餌
相容性：性情相當平和，不過會因好奇而稍微啃咬其他魚隻，但不至於造成傷害，只是惹其他魚討厭而已
流通度：偶爾出現（野生採集個體）
人工繁殖：無相關資訊

流蘇狀的觸鬚是龍鬚砲彈在海藻間的偽裝。

11　譯按：國內水族玩家又稱之為「毛毛魚」。

體長：25 公分

日本

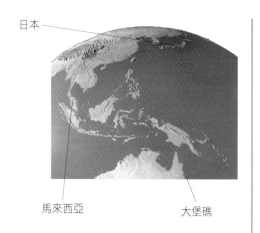

馬來西亞　　　　　　　大堡礁

紅尾砲彈

（*黑頭前角單棘魨 Pervagor melanocephalus*）

這隻魚的尾巴呈粉紅色到橘紅色，魚身由橘色或綠色漸層轉變為深紫色。背鰭可能只剩一或兩根強壯的鰭條。[12] 一條深色粗帶從胸鰭基部往上延伸至眼睛後方位置。這條游泳速度緩慢的魚隻來自印度 - 太平洋的熱帶區域，在野外形跡隱匿，不易發現。主要棲息在海草（*weed-beds*）、海藻間，紅尾砲彈的體色在這些區域成為絕佳偽裝。

　　魚剛入缸子時是有點難度的，不過紅尾砲彈多能適應，並接受各種常見的餌料。就像大部分單棘魨科魚種，紅尾砲彈成長迅速，但體型對於一般家庭海水缸而言不會太大，成體約 15 公分。在魚缸中應擺放大量岩石並設置足夠躲藏空間讓魚隻晚上藏身。

▶ **產地**

馬來西亞、日本南端以及大堡礁周遭海域。

12　譯按：此處指的應該是位於眼睛上方高聳第一背鰭，非第二背鰭。

小白兔鰕虎（黃頭後頜䲁 *Opistognathus aurifrons*）

若想好好看清楚這款魚，你必須很有耐心，一直等到牠壯膽爬出底砂。然後你會發現小白兔鰕虎長而呈現圓筒狀的魚身是柔柔藍色配上鮮黃色圓鈍頭部。背鰭長度幾乎跟魚身相同，臀鰭好似是背鰭倒影，只是長度較短，約佔魚腹三分之二長。胸鰭為黃色，腹鰭與尾鰭則為藍色。深色大眼，嘴部位於圓鈍吻部的前端，開口向前（terminal mouth），是挖掘坑洞時移動砂粒的利器。

　　想分辨小白兔鰕虎性別難度很高，但人工繁殖是有可能的，已經成功的例子顯示這是一款採口中孵化繁殖的魚種，由公魚擔負口孵責任。

▶ 產地

除了小白兔鰕虎外，後頜魚科還包含了其他幾款魚種，牠們通通都分布於佛州與巴哈馬群島到巴貝多（Barbados）及委內瑞拉。

佛州　　　　　巴哈馬

委內瑞拉

巴貝多

當牠從埋藏的底砂中探頭出來，小白兔鰕虎也只敢在巢穴上方晃一晃而已。

▶ 飼養資料

適合飼養量：一缸一隻（若單缸單種飼養，可能可以養得更多）

混養或單養：混養或單種飼養

游動範圍：下層

食性：魚肉餌料。把餌料剁碎後灑在牠們埋藏處的周圍是個好方法

相容性：性情平和而且害羞

流通度：常態性出現（野生採集個體）

人工繁殖：無相關資訊

體長：10 公分

小白兔鰕虎的藍色後半段多藏在洞穴中，其姿勢看起來好像垂直坐在牠的巢穴裡。

上圖：把洞穴入口的小石子清走是每天的例行工作，所幸小白兔鰕虎有個強健的嘴巴能幫牠完成任務。

五彩青蛙（*花斑連鰭䲗 Synchiropus splendidus*）

五彩青蛙身上沒有鱗片，對比強烈而扭曲的花紋讓人嘆為觀止，讓人想到古代中國高官穿的長袍。[13] 金色、紅色與綠色在魚身交錯，魚鰭的彩虹紋路也毫不遜色，除了前面提到的顏色，魚鰭邊緣更多了一層紫色外圍。尾鰭橘線從尾柄輻射而出，碩大胸鰭上有紫色、綠色斑點裝飾，第一背鰭的首根鰭條向上突出，豎立如旗幟一般。

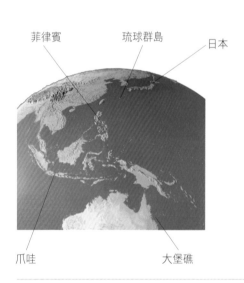

菲律賓　琉球群島　日本

爪哇　大堡礁

▶ **產地**

菲律賓、爪哇周圍的海域，從日本南部的琉球群島往南至大堡礁。

13　譯按：中國古代官服以藏青色或墨綠色為主，這大概是為何外國人將皇冠青蛙取名為 Mandarinfish 的原因。中文除了五彩青蛙外，又被稱做皇冠青蛙。

體長：6 公分

飼養資料

適合飼養量：一缸一到兩隻
混養或單養：可以放在混養缸，但若能單缸單養會更好
游動範圍：下層
食性：需要大量的活餌
相容性：性情害羞，不過常待在岩石高處覓食
流通度：偶爾出現（野生採集個體）
人工繁殖：曾有人工繁殖記錄，但並不常見，而且未有仔魚成功存活長大的消息

繁殖

根據有限的案例，五彩青蛙似乎是體內受精的魚種，然後將能漂浮的卵產於空曠水域。目前尚無成功養大仔魚的記錄。

圓點青蛙

（**變色連鰭䲗** *Synchiropus picturatus*）

圓鈍頭部、平坦底部以及圓筒狀魚身，圓點青蛙的身型與更知名的底棲魚種，例如鰤魚與鰕虎極為相似。牠有兩片背鰭，第一背鰭像掛著橫布條一樣。

魚隻基本底色為淺綠色，深綠色的塊斑蓋在上頭，另有金色、黑色與藍色條紋在身上交錯，數個大黑斑出現在背鰭、臀鰭與腹鰭，尾鰭與胸鰭略帶黃綠色。眼睛位置高，有著金色及黑色的眼眶。

公魚顏色較為鮮明，背鰭與臀鰭亦拉得較長。有些人認為所有體色極鮮豔的物類（包含魚類與無脊椎動物）都必然有毒，體色就是為了彰顯此一事實的警戒色。圓點青蛙確實符合上述說法，其黏液帶有毒性。圓點青蛙在人工環境的飼養條件可比照五彩青蛙，成體可長至 6 公分。

晨星寵物館重視與每位讀者交流的機會，
若您對以下回函內容有興趣，
歡迎掃描QRcode填寫線上回函，
即享「晨星網路書店Ecoupon優惠券」一張！
也可以直接填寫回函，
拍照後私訊給 FB【晨星出版寵物館】

◆讀者回函卡◆

姓名：＿＿＿＿＿＿＿＿＿　性別：□男　□女　生日：西元　　　／　　　／

教育程度：□國小 □國中 □高中/職 □大學/專科 □碩士 □博士

職業：□學生　　　　□公教人員　　□企業/商業　□醫藥護理　□電子資訊
　　　□文化/媒體　□家庭主婦　　□製造業　　　□軍警消　　□農林漁牧
　　　□餐飲業　　　□旅遊業　　　□創作/作家　□自由業　　□其他＿＿＿＿

* 必填 E-mail：＿＿＿＿＿＿＿＿＿＿＿＿＿　聯絡電話：＿＿＿＿＿＿＿＿

聯絡地址：□□□＿＿＿＿＿＿＿＿＿＿＿＿＿＿＿＿＿＿＿＿＿＿＿＿

購買書名：海水缸魚類圖鑑

· **本書於那個通路購買？**　□博客來 □誠品 □金石堂 □晨星網路書店 □其他＿＿＿

· **促使您購買此書的原因？**

□於 ＿＿＿＿＿ 書店尋找新知時　□親朋好友拍胸脯保證　□受文案或海報吸引

□看＿＿＿＿＿＿＿網路平台分享介紹　□翻閱 ＿＿＿＿＿＿＿ 報章雜誌時瞄到

□其他編輯萬萬想不到的過程：＿＿＿＿＿＿＿＿＿＿＿＿＿＿＿＿＿＿＿＿＿

· **怎樣的書最能吸引您呢？**

□封面設計 □內容主題 □文案 □價格 □贈品 □作者 □其他 ＿＿＿＿＿＿

· **您喜歡的寵物題材是？**

□狗狗　□貓咪　□老鼠　□兔子　□鳥類　□刺蝟　□蜜袋鼯

□貂　　□魚類　□烏龜　□蛇類　□蛙類　□蜥蜴　□其他＿＿＿＿

□寵物行為　□寵物心理　□寵物飼養　□寵物飲食　□寵物圖鑑

□寵物醫學　□寵物小說　□寵物寫眞書　□寵物圖文書　□其他＿＿＿＿

· **請勾選您的閱讀嗜好：**

□文學小說　□社科史哲　□健康醫療　□心理勵志　□商管財經　□語言學習

□休閒旅遊　□生活娛樂　□宗教命理　□親子童書　□兩性情慾　□圖文插畫

□寵物　　　□科普　　　□自然　　　□設計/生活雜藝　□其他 ＿＿＿＿＿

國家圖書館出版品預行編目資料

海水缸魚類圖鑑：海水缸設置新手入門指南、玩家參考
寶典，一本搞定！/ 狄克 ‧ 米爾斯（Dick Mills）著；王
北辰，張郁笛譯 . -- 初版 . -- 臺中市：晨星 , 2018.03
　　面；　公分 . --（寵物館；59）

譯自：Mini encyclopedia of The marine aquarium

ISBN 978-986-443-411-4（平裝）

1. 養魚　2. 動物圖鑑

438.667　　　　　　　　　　　　　　　107001380

寵物館 59

海水缸魚類圖鑑：
海水缸設置新手入門指南、玩家參考寶典，一本搞定！

編著	狄克・米爾斯（Dick Mills）
譯者	王北辰、張郁笛
主編	李俊翰
編輯	李佳旻
美術設計	曾麗香
封面設計	言忍巾貞工作室

創辦人	陳銘民
發行所	晨星出版有限公司
	407 台中市西屯區工業 30 路 1 號 1 樓
	TEL：（04）23595820　FAX：（04）23550581
	行政院新聞局局版台業字第 2500 號
法律顧問	陳思成律師
初版	西元 2018 年 03 月 25 日
初版二刷	西元 2022 年 01 月 10 日

讀者服務專線	TEL：（02）23672044 /（04）23595819#230
	FAX：（02）23635741 /（04）23595493
讀者信箱	service@morningstar.com.tw
網路書店	http://www.morningstar.com.tw
郵政劃撥	15060393（知己圖書股份有限公司）
印刷	上好印刷股份有限公司

定價 380 元

ISBN 978-986-443-411-4

Mini Encyclopedia of The Marine Aquarium
Published by Interpet Publishing
©2005 Interpet Publishing.
All rights reserved